# 《供热工程项目规范》 GB 55010 实施指南

中国城市建设研究院有限~

中 国 建 筑 工 业 出 版 社

**图书在版编目(CIP)数据**

《供热工程项目规范》GB 55010 实施指南 / 中国城
市建设研究院有限公司编著. — 北京：中国建筑工业出
版社，2023.6
ISBN 978-7-112-28691-1

Ⅰ. ①供… Ⅱ. ①中… Ⅲ. ①城市供热－集中供热－
规范－中国－指南 Ⅳ. ①TU995-65

中国国家版本馆 CIP 数据核字（2023）第 078100 号

责任编辑：孙玉珍
责任校对：张惠雯


**《供热工程项目规范》GB 55010 实施指南**
中国城市建设研究院有限公司　编著
\*
中国建筑工业出版社出版、发行（北京海淀三里河路 9 号）
各地新华书店、建筑书店经销
北京红光制版公司制版
北京中科印刷有限公司印刷
\*
开本：850 毫米×1168 毫米　1/32　印张：9½　字数：255 千字
2023 年 6 月第一版　　2023 年 6 月第一次印刷
定价：**60.00** 元
ISBN 978-7-112-28691-1
（41075）

# 《供热工程项目规范》GB 55010 实施指南
## 编写委员会

主 任 委 员：丁　高

副主任委员：刘　彬　杨　健

编 写 人 员：李春林　刘　荣　王　淮　陈鸿恩

牛小化　冯继蓓　贾　震　贾丽华

罗欣雨　刘海燕　于黎明　罗　琤

崔远超

# 编 写 单 位

中国城市建设研究院有限公司

住房和城乡建设部标准定额研究所

中国中元国际工程有限公司

北京市热力集团有限责任公司

中国市政工程华北设计研究总院有限公司

洛阳热力有限公司

中国城镇供热协会

北京市煤气热力工程设计院有限公司

北京热力装备制造有限公司

牡丹江热电有限公司

# 序

　　按照国务院《深化标准化工作改革方案》（国发〔2015〕13号）要求，住房和城乡建设部印发了《关于深化工程建设标准化工作改革的意见》（建标〔2016〕166号），明确提出构建以全文强制性工程建设规范（以下简称"工程规范"）为核心，推荐性标准和团体标准为配套的新型工程建设标准体系。通过制定工程规范，筑牢工程建设技术"底线"，按照工程规范规定完善推荐性工程技术标准和团体标准，细化技术要求，提高技术水平，形成政府与市场共同供给标准的新局面，逐步实现与"技术法规与技术标准相结合"的国际通行做法接轨。

　　工程规范作为工程建设的"技术法规"，是勘察、设计、施工、验收、维护等建设项目全生命周期必须严格执行的技术准则。在编制方面，与现行工程建设标准规定建设项目技术要求和方法不同，工程规范突出强调对建设项目的规模、布局、功能、性能及关键技术措施的要求。在实施方面，工程规范突出强调以建设目标和结果为导向，在满足性能化要求前提下，技术人员可以结合工程实际合理选择技术方法，创新技术实现路径。

　　《供热工程项目规范》发布后，我部标准定额研究所组织规范编制单位，在条文说明的基础上编制了本工程规范实施指南，供相关工程建设技术和管理人员在工作中研究参考，希望能为上述人员准确把握、正确执行工程规范提供帮助。

住房和城乡建设部标准定额司

2022 年 11 月

# 前　　言

习近平总书记在党的二十大报告中强调："必须牢固树立和践行绿水青山就是金山银山的理念，站在人与自然和谐共生的高度谋划发展。"供热工程事关经济发展全局和社会稳定大局，是关系民生的大事。作为城乡发展的重要基础设施之一，供热工程已成为实现中国式现代化的重要支撑，是推动城乡高质量发展的重要保障，是最普惠的民生福祉。在"双碳"目标的约束下，实施城市集中供热，对提高能源利用效率、减轻大气污染、促进资源合理分配和利用仍然发挥着重要作用。2021 年，城市集中供热新增固定资产投资 550 亿元。截至 2021 年末，我国城市集中供热面积达 106.03 亿 $m^2$，集中供热覆盖全国 22 个省（区、市），占国土面积的 60% 以上，采暖人口达 7 亿。但同时，也应清楚地看到，我国北方集中供热碳排放量较大，占建筑运行碳排放的比重达到 26%，推进集中供热低碳发展亟须科学合理、清晰明确的技术路径指引。

在绿色发展理念指导下，实现供热行业的安全和高质量发展是新时代对供热行业提出的重大课题。以制定供热全文强制规范作为保证供热安全的重要手段，以完善供热标准体系作为推动供热行业高质量发展的技术保障，是回答这一重大时代课题的有效途径之一。中共中央、国务院印发的《国家标准化发展纲要》指出，标准是经济活动和社会发展的技术支撑，是国家基础性制度的重要方面。标准化在推进国家治理体系和治理能力现代化中发挥着基础性、引领性作用。自 20 世纪 80 年代第一部供热技术标准发布以来，供热标准日臻完善。为推进我国工程建设标准化改革，2015 年住房和城乡建设部正式立项制定《供热工程项目规范》，2021 年正式发布《供热工程项目规范》GB 55010 - 2021

（简称《供热规范》），并于 2022 年 1 月 1 日起正式实施，该规范是供热行业监管和工程建设的安全、环保、节能减碳的红线。

为配合《供热规范》GB 55010 的实施，我们组织编写了《〈供热工程项目规范〉GB 55010 实施指南》。本书内容包括：《供热规范》正文、《供热规范》编制概述、《供热规范》实施指南和附录四个部分。其中，《供热规范》实施指南部分对条文编制目的、术语定义、条文释义、编制依据、实施要点和背景与案例进行了详细说明；附录部分收录了涉及本规范的部分法律、行政法规、规范性文件和现行供热标准目录。本书作为《供热规范》的释义性资料，力求为《供热规范》的准确理解和实施提供支撑。由于部分内容编制与相关标准引用存在时间性差异，同时限于编写成员水平，书中不免有疏漏和不足之处，敬请读者批评指正。

编　者
2023 年 2 月

# 目　录

# 第一部分
# 《供热工程项目规范》

# 1 总　　则

**1.0.1**　为促进城乡供热高质量可持续发展，保障人身、财产和公共安全，实现稳定供热、节约能源、保护环境，制定本规范。

**1.0.2**　城市、乡镇、农村的供热工程项目必须执行本规范。本规范不适用于下列工程项目：

　　**1**　热电厂、生物质供热厂、核能供热厂、太阳能供热厂等厂区工程项目；

　　**2**　热用户建筑物内供暖、空调和生活热水供应工程，生产用热工程项目。

**1.0.3**　供热工程应以实现安全生产、稳定供热、节能高效、保护环境为目标，并应遵循下列原则：

　　**1**　符合国家能源、生态环境、土地利用和应急管理等政策；

　　**2**　保障人身、财产和公共安全；

　　**3**　采用现代信息技术，鼓励工程技术创新；

　　**4**　保证工程建设质量，提高运行维护水平。

**1.0.4**　工程建设所采用的技术方法和措施是否符合本规范要求，由相关责任主体判定。其中，创新性的技术方法和措施，应进行论证并符合本规范中有关性能的要求。

# 2 基 本 规 定

## 2.1 规模与布局

**2.1.1** 供热工程规模应根据城乡发展状况、能源供应、气候环境和用热需求等条件，经市场调查、科学论证，结合热负荷发展综合分析确定。

**2.1.2** 供热工程的布局应与城乡功能结构相协调，满足城乡建设和供热行业发展的需要，确保公共安全，按安全可靠供热和降低能耗的原则布置。

**2.1.3** 供热能源的选用应因地制宜，能源供给应稳定可靠、经济可行，能源利用应节能环保，并应符合下列规定：

　　**1** 应优先利用各类工业余热、废热资源，充分利用地热能、太阳能、生物质能等清洁和可再生能源；

　　**2** 当具备热电联产条件时，应采用以热电联产为主导的供热方式；

　　**3** 在供热管网覆盖的区域，不得新建分散燃煤锅炉供热；

　　**4** 禁止使用化石能源生产的电能，以直接加热的方式作为供热的主要热源。

**2.1.4** 供热介质的选用应满足用户对供热参数的需求。以建筑物供暖、通风、空调及生活热水热负荷为主的供热系统应采用热水作为供热介质。

## 2.2 建 设 要 求

**2.2.1** 供热工程应设置热源厂、供热管网以及运行维护必要设施，运行的压力、温度和流量等工艺参数应保证供热系统安全和供热质量，并应符合下列规定：

　　**1** 应具备运行工艺参数和供热质量监测、报警、联锁和调控功能；

    **2**  设备与管道应能满足设计压力和温度下的强度、密封性及管道热补偿要求；

    **3**  应具备在事故工况时，及时切断，且减少影响范围、防止产生水击和冻损的能力。

**2.2.2**  供热工程应设置满足国家信息安全要求的自动化控制和信息管理系统，提高运行管理水平。

**2.2.3**  供热工程应设置补水系统，并应配备水质检测设备和水处理装置。以热水作为介质的供热系统补给水水质应符合表 2.2.3 的规定。

表 2.2.3  补给水水质

| 项目 | 数值 |
|:---:|:---:|
| 浊度（FTU） | ≤5.0 |
| 硬度（mmol/L） | ≤0.60 |
| pH（25℃） | 7.0～11.0 |

**2.2.4**  供热工程主要建（构）筑物结构设计工作年限不应小于 50 年，安全等级不应低于二级。

**2.2.5**  供热工程所使用的材料和设备应满足系统功能、介质特性、外部环境等设计条件的要求。设备、管道及附件的承压能力不应小于系统设计压力。

**2.2.6**  厂站室内和通行管沟内的供热设备、管道及管件的保温材料应采用不燃材料或难燃材料。

**2.2.7**  在设计工作年限内，供热工程的建设和运行维护，应确保安全、可靠。当达到设计工作年限时或因事故、灾害损坏后，若继续使用，应对设施进行安全及使用性能评估。

**2.2.8**  供热工程应采取合理的抗震、防洪等措施，并应有效防止事故的发生。

**2.2.9**  供热工程的施工场所及重要的供热设施应有规范、明显的安全警示标志。施工现场夜间应设置照明、警示灯和具有反光功能的警示标志。

**2.2.10** 供热工程建设应采取下列节能和环保措施：

**1** 应使用节能、环保的设备和材料；

**2** 热源厂和热力站应设置自动控制调节装置和热计量装置；

**3** 厂站应对各种能源消耗量进行计量，且动力用电和照明用电应分别计量，并应满足节能考核的要求；

**4** 燃气锅炉应设置烟气余热回收利用装置；

**5** 采用地热能供热时，不应破坏地下水资源和环境，地热尾水排放温度不应大于20℃；

**6** 应采取污染物和噪声达标排放的有效措施。

**2.2.11** 调度中心、厂站应有防止无关人员进入的措施，并应有视频监视系统，视频监视和报警信号应能实时上传至监控室。

## 2.3 运行维护

**2.3.1** 供热工程应在竣工验收合格且调试正常后，方可投入使用。

**2.3.2** 预防安全事故发生和用于节能环保的设备、设施、装置、建（构）筑物等，应与主体设施同时使用。

**2.3.3** 供热设施的运行维护应建立健全符合安全生产和节能要求的管理制度、操作维护规程和应急预案。

**2.3.4** 供热工程的运行维护应配备专业的应急抢险队伍和必需的备品备件、抢修机具和应急装备，运行期间应无间断值班，并向社会公布值班联系方式。

**2.3.5** 供热期间抢修人员应24h值班备勤，抢修人员接到抢修指令后1h内应到达现场。

**2.3.6** 热水供热管网应采取减少失水的措施，单位供暖面积补水量一级管网不应大于3kg/（m²·月）；二级管网不应大于6kg/（m²·月）。

**2.3.7** 供热管道及附属设施应定期进行巡检，并应排查管位占压和取土、路面塌陷、管道异常散热等安全隐患。

**2.3.8** 供热工程的运行维护及抢修等现场作业应符合下列规定：

　　**1** 作业人员应进行相应的维护、抢修培训，并应掌握正常操作和应急处置方法；

　　**2** 维护或抢修应标识作业区域，并应设置安全护栏和警示标志；

　　**3** 故障原因未查明、安全隐患未消除前，作业人员不得离开现场。

**2.3.9** 进入管沟和检查室等有限空间内作业前，应检查有害气体浓度、氧含量和环境温度，确认安全后方可进入。作业应在专人监护条件下进行。

**2.3.10** 供热工程正常运行过程中产生的污染物和噪声应达标排放，并应防止热污染对周边环境和人身健康造成危害。

# 3 热 源 厂

## 3.1 厂 区

**3.1.1** 热源厂的选址应根据热负荷分布、周边环境、水文地质、交通运输、燃料供应、供水排水、供电和通信等条件综合确定，并应避开不良地质和洪涝等影响区域。

**3.1.2** 热源厂内的建（构）筑物之间以及与厂外的建（构）筑物之间的防火间距和通道应满足消防要求。

**3.1.3** 锅炉间和燃烧设备间的外墙、楼板或屋面应有相应的防爆措施。

**3.1.4** 锅炉间和燃烧设备间出入口的设置应符合下列规定：

　　**1** 独立设置的热源，当主机设备前走道总长度大于或等于12m或总建筑面积大于或等于200m² 时，出入口不应少于2个；

　　**2** 非独立设置的热源，出入口不应少于2个；

　　**3** 多层布置时，各层出入口不应少于2个；

　　**4** 当出入口为2个及以上时，应分散设置；

　　**5** 每层出入口应至少有1个直通室外或疏散楼梯，疏散楼梯应直接通向室外地面。

**3.1.5** 设在其他建筑物内的燃油或燃气锅炉间、冷热电联供的燃烧设备间等，应设置独立的送排风系统，其通风装置应防爆，通风量应符合下列规定：

　　**1** 当设置在首层时，对采用燃油作燃料的，其正常换气次数不应小于3次/h，事故换气次数不应小于6次/h；对采用燃气作燃料的，其正常换气次数不应小于6次/h，事故换气次数不应小于12次/h。

　　**2** 当设置在半地下或半地下室时，其正常换气次数不应小于6次/h，事故换气次数不应小于12次/h。

**3** 当设置在地下或地下室时，其换气次数不应小于 12 次/h。

**4** 送入锅炉间、燃烧设备间的新风总量，应大于 3 次/h 的换气量。

**5** 送入控制室的新风量，应按最大班操作人员数量计算。

**3.1.6** 燃油供热厂点火用的液化石油气钢瓶或储罐，应存放在专用房间内。钢瓶或储罐总容积应小于 1m³。

**3.1.7** 燃油或燃气锅炉间、冷热电联供的燃烧设备间、燃气调压间、燃油泵房、煤粉制备间、碎煤机间等有爆炸危险的场所，应设置固定式可燃气体浓度或粉尘浓度报警装置。可燃气体报警浓度不应高于其爆炸极限下限的 20%，粉尘报警浓度不应高于其爆炸极限下限的 25%。

**3.1.8** 热源厂内设置在爆炸危险环境中的电气、仪表装置，应具备符合该区域环境安全使用要求的防爆性能。

**3.1.9** 烟囱筒身应设置防雷设施，爬梯应设置安全防护围栏，并应根据航空管理的有关规定设置飞行障碍灯和标志。

**3.1.10** 地热热源厂的自流井不得采用地下或半地下井泵房。当地热井水温大于 45℃时，地下或半地下井泵房应设置直通室外的安全通道。

## 3.2 锅炉和设备

**3.2.1** 锅炉受压部件安装前应进行检查，不得安装影响锅炉安全使用的受压部件。

**3.2.2** 锅炉水压试验时，试压系统应设置不少于 2 只经校验合格的压力表。额定工作压力不小于 2.5MPa 的锅炉，压力表的准确度等级不应低于 1.6 级；额定工作压力小于 2.5MPa 的锅炉，压力表的准确度等级不应低于 2.5 级。压力表量程应为试验压力的 1.5 倍～3 倍。

**3.2.3** 蒸汽锅炉安全阀的整定压力应符合表 3.2.3 的规定。锅炉应有 1 个安全阀按整定压力最低值整定，锅炉配有过热器时，该安全阀应设置在过热器上。

表 3.2.3 蒸汽锅炉安全阀的整定压力

| 锅炉额定工作压力 P（MPa） | 安全阀的整定压力 | |
|---|---|---|
| | 最低值 | 最高值 |
| P≤0.8 | 工作压力加 0.03MPa | 工作压力加 0.05MPa |
| 0.8<P≤2.5 | 工作压力的 1.04 倍 | 工作压力的 1.06 倍 |

注：1 省煤器安全阀整定压力应为装设地点工作压力的 1.1 倍；

2 对于脉冲式安全阀，表中的工作压力指冲量接出地点的工作压力；其他类型的安全阀系指安全阀装设地点的工作压力。

**3.2.4** 热水锅炉应有 1 个安全阀按整定压力最低值整定，整定压力应符合下列规定：

**1** 最低值应为工作压力的 1.10 倍，且不应小于工作压力加 0.07MPa；

**2** 最高值应为工作压力的 1.12 倍，且不应小于工作压力加 0.10MPa。

**3.2.5** 锅炉安全阀应逐个进行严密性试验，安全阀的整定和校验每年不得少于 1 次，合格后应加锁或铅封。

**3.2.6** 室内油箱应采用闭式油箱，并应符合下列规定：

**1** 油箱上应装设直通室外的通气管，通气管上应设置阻火器和防雨设施；

**2** 油箱上不应采用玻璃管式油位表。

**3.2.7** 燃油、燃气和煤粉锅炉的烟道应在烟气容易集聚处设置泄爆装置。燃油、燃气锅炉不得与使用固体燃料的锅炉共用烟道和烟囱。

## 3.3 管道和附件

**3.3.1** 供热管道不得与输送易燃、易爆、易挥发及有毒、有害、有腐蚀性和惰性介质的管道敷设在同一管沟内。

**3.3.2** 热水供热系统循环水泵的进、出口母管之间，应设置带止回阀的旁通管。

**3.3.3** 设备和管道上的安全阀应铅垂安装，其排汽（水）管的管径不应小于安全阀排出口的公称直径，排汽管底部应设置疏水管。排汽（水）管和疏水管应直通安全地点，且不得装设阀门。

**3.3.4** 容积式供油泵未自带安全阀时，应在其出口管道阀门前靠近油泵处设置安全阀。

**3.3.5** 燃油系统附件不得采用可能被燃油腐蚀或溶解的材料。

**3.3.6** 当燃气冷热电联供为独立站房，且室内燃气管道设计压力大于 0.8MPa 时；或为非独立站房室内燃气管道设计压力大于 0.4MPa 时，燃气管道及其管路附件的材质和连接应符合下列规定：

    **1** 燃气管道应采用无缝钢管和无缝钢制管件；

    **2** 燃气管道应采用焊接连接，管道与设备、阀门的连接应采用法兰连接或焊接连接；

    **3** 焊接接头应进行 100％射线检测和超声检测。

**3.3.7** 热源厂的燃气、蒸汽管道与附件不得使用铸铁材质，燃气阀门应具有耐火性能。

**3.3.8** 燃气管道不应穿过易燃或易爆品仓库、值班室、配变电室、电缆沟（井）、通风沟、风道、烟道和具有腐蚀性环境的场所。

**3.3.9** 燃用液化石油气的锅炉间、燃烧设备间和有液化石油气管道的房间，室内地面不得设置连通室外的管沟（井）或地下通道等设施。

# 4 供 热 管 网

## 4.1 供 热 管 道

**4.1.1** 热水供热管道的设计工作年限不应小于 30 年，蒸汽供热管道的设计工作年限不应小于 25 年。

**4.1.2** 供热管道的管位应结合地形、道路条件和城市管线布局的要求综合确定。直埋供热管道应根据敷设方式、管道直径、路面荷载等条件确定覆土深度。直埋供热管道覆土深度车行道下不应小于 0.8m；人行道及田地下不应小于 0.7m。

**4.1.3** 供热管沟内不得有燃气管道穿过。当供热管沟与燃气管道交叉的垂直净距小于 300mm 时，应采取防止燃气泄漏进入管沟的措施。

**4.1.4** 室外供热管沟不应直接与建筑物连通。管沟敷设的供热管道进入建筑物或穿过构筑物时，管道穿墙处应设置套管，保温结构应完整，套管与供热管道的间隙应封堵严密。

**4.1.5** 当供热管道穿跨越铁路、公路、市政主干道路及河流、灌渠等水域时，应采取防护措施，不得影响交通、水利设施的使用功能和供热管道的安全。

**4.1.6** 供热管网的水力工况应满足用户流量、压力及资用压头的要求。

**4.1.7** 热水供热管网运行时应保持稳定的压力工况，并应符合下列规定：

    **1** 任何一点的压力不应小于供热介质的汽化压力加 30kPa；

    **2** 任何一点的回水压力不应小于 50kPa；

    **3** 循环泵和中继泵吸入侧的压头，不应小于吸入口可能达到的最高水温下的汽化压力加 50kPa。

**4.1.8** 当热水供热管网的循环水泵停止运行时，管道系统应充满水，且应保持静态压力。当设计供水温度高于100℃时，任何一点的压力不应小于供热介质的汽化压力加30kPa。

**4.1.9** 供热管道应采取保温措施。在设计工况下，室外直埋、架空敷设及室内安装的供热管道保温结构外表面计算温度不应高于50℃；热水供热管网输送干线的计算温度降不应大于0.1℃/km。

**4.1.10** 通行管沟应设逃生口，蒸汽供热管道通行管沟的逃生口间距不应大于100m；热水供热管道通行管沟的逃生口间距不应大于400m。

**4.1.11** 供热管道上的阀门应按便于维护检修和及时有效控制事故的原则，结合管道敷设条件进行设置，并应符合下列规定：

**1** 热水供热管道输送干线应设置分段阀门；

**2** 蒸汽供热管道分支线的起点应设置阀门。

**4.1.12** 蒸汽供热管道应设置启动疏水和经常疏水装置，直埋蒸汽供热管道应设置排潮装置。蒸汽供热管道疏水管和热水供热管道泄水管的排放口应引至安全空间。

**4.1.13** 供热管道结构设计应进行承载能力计算，并应进行抗倾覆、抗滑移及抗浮验算。

**4.1.14** 供热管道施工前，应核实沿线相关建（构）筑物和地下管线，当受供热管道施工影响时，应制定相应的保护、加固或拆移等专项施工方案，不得影响其他建（构）筑物及地下管线的正常使用功能和结构安全。

**4.1.15** 供热管道非开挖结构施工时应对邻近的地上、地下建（构）筑物和管线进行沉降监测。

**4.1.16** 供热管道焊接接头应按规定进行无损检测，对于不具备强度试验条件的管道对接焊缝应进行100%射线或超声检测。直埋敷设管道接头安装完成后，应对外护层进行气密性检验。管道现场安装完成后，应对保温材料裸露处进行密封处理。

**4.1.17** 供热管道安装完成后应进行压力试验和清洗，并应符合下列规定：

**1** 压力试验所发现的缺陷应待试验压力降至大气压后进行处理，处理后应重新进行压力试验；

**2** 当蒸汽管道采用蒸汽吹洗时，应划定安全区；整个吹洗过程应有专人值守，无关人员不得进入吹洗区。

**4.1.18** 蒸汽供热管道和热水供热管道输送干线应设置管道标志。管道标志毁损或标记不清时，应及时修复或更新。

**4.1.19** 对不符合安全使用条件的供热管道，应及时停止使用，经修复或更新后方可启用。

**4.1.20** 废弃的供热管道及构筑物应拆除；不能及时拆除时，应采取安全保护措施，不得对公共安全造成危害。

## 4.2 热力站和中继泵站

**4.2.1** 热水供热管网中继泵和隔压站的位置和性能参数应根据供热管网水力工况确定。

**4.2.2** 蒸汽热力站、站房长度大于12m的热水热力站、中继泵站和隔压站的安全出口不应少于2个。

**4.2.3** 热水供热管网的中继泵、热源循环泵及相关阀门相互间应进行联锁控制，其供电负荷等级不应低于二级。

**4.2.4** 中继泵进、出口母管之间应设置装有止回阀的旁通管。

**4.2.5** 热力站入口主管道和分支管道上应设置阀门。蒸汽管道减压减温装置后应设置安全阀。

**4.2.6** 供热管道不应进入变配电室，穿过车库或其他设备间时应采取保护措施。蒸汽和高温热水管道不应进入居住用房。

# 第二部分

# 《供热工程项目规范》编制概述

# 一、编制背景

## 1. 工程建设标准化改革

我国标准化事业的发展与国家的经济、政治和社会发展紧密相连，工程建设标准化是标准化工作的重要组成部分，在促进城乡科学规划、协调发展，确保工程安全与质量等方面发挥着重要作用。工程建设标准作为工程建设标准化的重要活动，是落实国家技术经济政策、促进科学技术向先进生产力转化的桥梁；是新技术、新工艺、新材料、新产品推广应用的关键手段；是节约与合理利用能源资源，保护生态环境，维护人民群众生命财产安全和人身健康的政策约束。

中华人民共和国成立后，我国工程建设标准化取得了全面、快速的发展，法规体系基本建立，制度不断健全，《中华人民共和国标准化法》《工程建设国家标准管理办法》《国家标准化发展纲要》等国家、行业、地方的法律、行政法规、规范性文件系统构成了管理制度体系。科学规范的工程建设标准体系逐步建立，标准质量不断提高，特别是在落实绿色发展理念、保障工程质量和安全等重点领域突出加强了工程建设标准的技术质量。通过法规与制度保证了标准的实施，通过标准实施实现了标准的社会价值和效能；同时，在标准的实施中建立了施工图审查、质量监督、工程验收备案等一系列制度，改变了"重制定轻实施"的现象。坚持"请进来与走出去"相结合，制定标准广泛吸收国际先进技术与经验，根据轻重缓急，有组织、有计划地开展市场急需标准的英文版翻译工作。但相对于日趋变化的国内和国际化需求，标准滞后、交叉、矛盾，标准整体水平相对较低，标准管理手段不足，标准供给模式单一等问题逐渐显现，而这些问题主要源于工程建设标准化工作与现实发展的不协调、不适应。

由于我国现行工程建设标准化体制的约束，制约了工程建设的创新发展，也限制了我国工程建设标准的国际化。这些问题集中体现在以下六个方面：

1) 标准供给渠道单一，市场化标准供应匮乏。由政府主导或者垄断标准供给的管理体制，难以满足市场需求，新技术难以及时形成标准推广，同时，目前我国团体标准还不发达，尚未得到政府和市场的认可。

2) 标准制修订周期不能满足市场需求，技术创新性受到抑制。目前我国工程建设标准已达 9000 余项，按照 5 年修订计算，每年至少要修订大量的标准才能保证标准中的技术与市场同步，但目前，我国每年工程建设制修订项目只有 300 余项，这显然无法满足新技术、新材料、新工艺的更新需求。此外，现有体制造成了工程建设项目建设过程中过度依赖政府标准，降低了设计、施工人员的创新积极性。

3) 现行强制性条文弊端逐渐显露。我国将带有强制性条文的标准规定为强制性标准，这与国外真正意义上的"技术法规"存在本质区别，特别是两者的制定方式、制定和批准程序、内容构成、法律效力都存在很多差异。我国所谓强制性标准只是其中的强制性条文具有强制性，其他条文不具有强制性，造成了强制性标准在执行过程中缺乏整体性。

4) 标准对工程建设的目标性能要求不系统、不突出。与市场经济国家执行的"技术法规"相比，我国现行工程建设标准缺少政府从宏观方面对项目整体目标、性能要求的控制，更多局限于对建设过程的微观要求，模糊了政府和市场的控制界限。

5) 部分标准技术水平和指标不高，技术指标要求前瞻性不足，特别是对于城市生命线工程建设标准水平偏低，影响城市综合承载能力，增加了城市安全运行风险。

6) 标准的国际化水平滞后。很多工程建设标准的组成要素、术语、技术指标构成和表达方式等方面，与国外标准存在较大区别。

正是由于这些问题的存在，造成了我国工程建设标准在实际管理、运行和应用过程中，政府与市场的角色错位，市场主体活力受到一定限制，既阻碍了标准化工作的有效开展，又影响了标准化作用的有效发挥。基于此，我国工程建设标准改革应将不断完善标准共同治理模式，发挥政府底线管理和市场自身活力作为基本思路。

## 2. 供热工程建设标准发展与现状

20世纪50年代，我国开始了有计划的大规模经济建设，城镇供热事业得到前所未有的发展。1952年，在苏联专家的帮助下，全国第一个暖气通风工程专业正式设立。1956年5月1日，建工部建筑科学技术研究所内成立了采暖通风研究室，标志着我国暖通行业人才的壮大，技术的不断提升，为进一步探索有中国特色的供热事业奠定了基础。1957年，北京市第一热电厂作为苏联援建中国的156个重点项目之一开始建设。1958年4月，全国集中供热的第一条管道"光华线"在京破土动工，开启了我国城镇集中供热的历程。20世纪80年代以后，我国供热事业迎来新的发展。1983年年底，全国有17座城市建立了集中供热设施，共铺设供热管道600余km，市政供热面积3000万 $m^2$。1989年，"三北"地区十三个省市的供热面积达到18900万 $m^2$，集中供热普及率达到12.1%。

伴随着我国城镇供热事业的发展，供热工程建设标准也不断发展完善，并为保证供热系统的安全建设和稳定运行、促进能源的高效利用、支撑经济社会可持续性发展提供了重要技术保障。1989年，原建设部颁布实施了第一个供热工程建设标准《城市供热管网工程施工及验收规范》CJJ 28-89，经过30年的不断发展，已经形成了由热源、供热管网组成，涵盖设计、施工、验收、运行管理、维护检修供热系统建设全过程的供热工程标准体系，基本满足了供热系统工程建设的实际需要。

但是，从长远来看，特别是从供热行业实现"双碳"目标和供热标准国际化角度来看，供热行业工程建设标准和标准体系自身还存在以下问题：

1）供热技术法规体系亟待建立

供热工程与人民生活息息相关，是城市建设的重要基础设施。截至 2021 年底，我国集中供热面积已达 106.03 亿 m²，蒸汽集中供热能力 11.88 万 t/h，热水集中供热能力 59.32 万 MW，但在供热行业管理的政策制定、宏观发展、统筹措施等方面仍缺乏国家统一的专向性法律法规。供热发展与城市能源供应、环境污染治理、社会经济发展息息相关，科学合理规划供热系统的建设和发展，对于提高供热保障能力、满足人民对美好生活的需求、实现社会绿色低碳发展都具有重要意义。目前，行业行政管理部门、供热企业、热用户的责任和义务分配尚无统一的约束，供热行业作为城市功能正常运转的基本保证，亟需建立以专项法律法规为约束，以强制性国家标准为技术底线，以推荐性国家标准、行业标准和团体标准推动创新发展的技术法规体系。

2）能源节约和环境保护技术内容仍显不足

供热是住房和城乡建设领域高耗能行业，全国建筑能耗占全社会总能耗的 27%，其中采暖与空调的能耗约占建筑能耗的 60% 左右。能源节约除合理、先进的供热系统设计和科学、智能的运行管理外，确保供热工程质量满足节能要求也是重要的一环。同时，随着集中供热热源从单一的燃煤锅炉房，发展到热电联产、燃气锅炉房、冷热电联供等多种热源形式，大型供热机组比重不断增加，供热对环境造成的污染也正日益成为环境保护关注的重点。降低能耗、提高能源利用率、提高管网输送热效率，从而达到供热能耗减量，已成为清洁供热技术发展的重要手段。

在绿色发展理念下，现行供热工程建设标准中有关能源节约和环境保护技术内容仍显不足，有的技术规定甚至不再适用，需要结合新的发展要求进一步明确能源节约和环境保护的底线要求。

3）部分强制性条文不利于实施和监督

尽管我国供热工程建设起步较晚、标准数量不多，但涉及强制性条文的绝对数量并不少。现行强制性条文相对分散，实际使用过程中针对一个问题，需要查阅所有强制性标准中的强制性条文。原建设部于 2000 年起，发布了《工程建设标准强制性条文》（城市建设部分），此后陆续修订，但实际使用效果并不理想。其中原因，主要是由于现行强制性条文是标准中的一部分，需要和标准中的非强制性条文前后衔接，单独的强制性条文组合无法构成一个有机的整体。

同时，现行强制性条文已经不适应当前标准化改革的需要，可操作性欠缺。一方面，现行强制性条文中，部分内容涉及对其他标准的引用，但由于这些推荐性标准修订时间存在差异，需要强制的技术要求已经修订或者取消，从而造成该强制性条文无法操作。另一方面，部分强制性规定在实际执行或监管过程中缺乏可操作性。现行供热强制性标准中的强制性条文对供热系统的规模与布局、设施功能、性能都缺少相关技术要求，使得供热工程建设和监管等各方责任主体执行标准时难以把握全局和监管重点。

4）强制性属性阻碍国际化发展

纵观西方主要市场经济国家，技术法规属于是强制执行的法律规定，可以强制规定执行具体标准，而标准则属于自愿执行的技术文件，是技术法规的技术支撑，并不会以强制性条文区分标准强制和非强制的属性。这就造成我国标准与国际通行的技术控制体系的不一致，同时，也是 WTO/TBT 协议的一些成员国对我国将标准这一自愿采用的技术文件规定为强制执行不理解甚至抵触的原因之一。

针对上述问题，在工程建设标准化改革背景下，借鉴丹麦、德国、日本和俄罗斯等国家供热行业的法规、技术标准制订经验，以保证热源厂和供热管网的安全建设和稳定运行为目标，根据住房和城乡建设部《关于深化工程建设标准化工作改革的意见》（建标〔2016〕166 号）的要求，在《城镇供热技术规范》研究的基础上正式开展强制性工程建设规范《供热规范》的编制。

## 二、编制过程与思路

《供热规范》编制过程中，研究分析了西方集中供热国家的技术法规体系和相关技术内容、要求。作为主要集中供热国家，丹麦、德国、日本和俄罗斯供热技术法规的特点主要有以下三个方面：一是从法律、法规到技术标准，具有较成熟而完善的体系框架，为供热行业的有序发展提供了良好的顶层管控力。日本和俄罗斯法律法规中通过对相关技术标准进行引用赋予了其强制执行力。如俄罗斯《供热法》中明确规定："《供热设施和热能设备技术维护规范》对供热设施及其建筑物、场所、设施和设备的安全运行规定了强制性要求"。《供热设施和热能设备技术维护规范》中提出下一步可借鉴发达国家的经验，从顶层建设向下延伸，实现法律法规和技术标准的体系完善。二是突出强调优先利用各类工业余热、废热资源及清洁和可再生能源。德国及其他欧洲国家供热事业基本实现市场化，十分注重能源高效利用。据统计，德国约有 2/3 的初级能源需要依赖进口，有一半的最终能源消费用于生产热能，其中建筑供暖用热占热能消费的 46％。为此，德国建筑法规中明确了多项清洁供热的技术要求。三是重点关注供热系统运行中的安全措施。例如，日本《供热设施技术标准相关省令》中对热力站紧急停车装置、报警装置及人员安全防护措施等均作出了具体的规定。

《供热规范》编制过程中以现行供热工程建设标准的强制性条文为基础，以供热工程的功能、性能为目标，突出了供热工程建设和运行维护过程中，保障人民生命财产安全、人身健康、工程质量安全、生态环境安全、公众权益和公共利益，以及促进能源资源节约利用，满足国家经济建设和社会发展的要求，实现对供热项目结果控制和建设、运行、维护、拆除等全生命期的全覆盖。同时，梳理总结了我国供热工程建设相关标准 14 项，其中，国家标准 6 项，行业标准 8 项，涉及强制性条文共计 92 条、7

款。这些强制性条文（款）覆盖了供热工程的热源、供热管网和用户等方面，涉及供热工程设计、施工、验收、运行维护各个重要环节，是供热工程建设和监管的重要依据。

## 三、主要内容

作为构建我国供热技术法规体系的重要环节，《供热规范》将为行政监管和工程建设划定"红线"和"底线"。《供热规范》以供热工程为对象，以供热工程的功能和性能要求为导向，通过规定实现项目结果必须控制的强制性技术要求，力求实现保障供热工程安全稳定运行的最终目标。《供热规范》作为供热行业现行法律法规与技术标准联系的桥梁和纽带，一方面弥补了供热行业专项法规出台前有关强制性技术监管要求的空白；另一方面也对不断发展完善中的推荐性技术标准以及团体标准、企业标准起到了方向引导的作用，为行业技术进步预留了空间。

《供热规范》以实现供热工程安全、节能、清洁运行，保证城乡连续稳定用热为目标，明确了供热规模要统筹城乡发展、人口、热用户需求等条件科学决策确定，供热方式及能源的选择应满足节约能源、提高能源利用率和保护环境等方面的要求。《供热规范》共4章81条，分别是总则、基本规定、热源厂、供热管网。在篇章结构设计上，基于现行工程建设强制性条文，进一步对供热工程的规模、布局、功能、性能和技术措施等进行了细化，对供热工程设计、施工、验收过程中五方责任主体所必须遵守的"行为规范"提出了具体技术要求。

在落实有关节能和降碳政策方面，明确定量规定了供热管网补水量、地热尾水排放温度、供热管道表面计算温度、供热管道输送干线的计算温度降等技术指标，为推动供热行业实现高质量发展和绿色发展规定了技术底线。

在提升供热系统安全运行方面，提出了抢修值班备勤及到达时间、锅炉房及能源站设备间换气次数、安全阀的整定压力、能源站燃气管道压力参数、供热管道安全间距、设计供水温度高于100℃时的管道压力参数、供热通行管沟逃生口间距、管道焊接无损检测比例、蒸汽热力站、站房长度及安全出口数量等技术规定，为统筹供热行业安全与发展划定了技术红线。

# 四、主要创新性

## 1. 节能减排、环境保护等要求纳入规范的重点内容

供热行业能源需求高，与环境保护密切相关，近年来，国家出台了"清洁供热""宜电则电、宜气则气""热计量"等针对供热行业的相关政策措施，中心思想是要把供热能源利用好，实现节能减排目标。《供热规范》制定过程中充分梳理了国家相关法律、法规和政策，对供热工程中的节能、环境保护关键点增加了规模与布局、能源利用、保温及管道温降、失水率、能源计量等相关规定。

## 2. 对标国外技术法规确定关键技术指标

供热管道失水不仅是浪费水资源，更重要的是能源损失，而且给环境和社会造成安全隐患。参考俄罗斯技术法规，规范首次提出热水供热系统单位供暖面积补水量，一级管网不应大于$3kg/(m^2 \cdot 月)$、二级管网不应大于 $6kg/(m^2 \cdot 月)$ 等技术指标，并强化了防止热污染对周边环境和人身健康造成危害的技术要求。将单位面积补水量指标作为关键性能要求纳入规范，并按单位供暖面积和时间的补水量进行要求，科学合理且具有较强的操作性。

## 3. 明确提出供热安全运行基本要求

近几年来，供热管道的事故率较高，因爆管造成伤及人员和中断供热的情况时有发生。《供热规范》针对管道运行维护中的

主要问题和关键点，对预防事故发生、防止事故扩大及产生次生灾害提出巡检的底线要求。例如，明确要求对供热管网进行定期巡检，并应排查管位占压和取土、路面塌陷、管道异常散热等安全隐患。同时，首次规定了管位占压和取土、路面塌陷、管道异常散热等方面的技术要求，提升了供热管道的运行安全。

# 第三部分
# 《供热工程项目规范》实施指南

# 1 总 则

本章共四条，主要规定了《供热规范》制定的目的和意义、适用范围、实现供热工程目标的基本原则、工程符合性判定的基本规则。总则在《供热规范》中起着统领作用，集中反映了制定《供热规范》的根本目的，是整个《供热规范》中功能、性能和技术措施等技术内容的核心体现。

**1.0.1** 为促进城乡供热高质量可持续发展，保障人身、财产和公共安全，实现稳定供热、节约能源、保护环境，制定本规范。

【编制目的】

本条规定了《供热规范》制定的目的和意义，明确了我国供热工程项目建设的功能性要求和根本性目标。

【术语定义】

供热：由一个或多个热源并通过供热管网向热用户供热的方式。

【条文释义】

供热关乎人民生活和社会经济发展，供热工程既是市政公用事业的重要组成部分，同时也是城乡发展的重要基础设施。近年来随着人们生活水平的提升，除了传统北方地区外，部分南方地区的供暖需求也在逐渐增加。供热工程建设和运行过程中，推动能源的清洁高效利用、减少环境污染、统筹发展与安全、不断提升人民生活质量是实现供热行业高质量可持续发展的根本目标，保证稳定供热是供热工程项目建设的基本功能要求。

供热系统一般在一定的压力和温度工况下运行，且供热设施贯穿城乡建筑和人口密集区域，供热系统和供热设施的安全稳定运行直接关系到人员安全、设施安全和区域公共安全。《供热规范》围绕供热工程的规模、布局、功能、性能和技术措施进行了规定，旨在实现热源、供热管网建设和运行维护的"本质安全"。这些技术规定既是政府监管部门执法的"技术底线"，又是供热工程建设和运行维护各方责任主体所必须遵守的"技术红线"。

**【编制依据】**

《中华人民共和国标准化法》

《国务院关于印发深化标准化工作改革方案的通知》（国发〔2015〕13 号）、《住房城乡建设部关于印发深化工程建设标准化工作改革意见的通知》（建标〔2016〕166 号）

**【实施要点】**

"以清洁供热为目标，保证供热管网的安全稳定运行"是绿色发展理念下供热行业实现高质量发展的立足点。《供热规范》实施过程中，要兼顾安全与发展，坚持系统思维。《供热规范》对供热工程建设安全和稳定运行提出了底线要求，各个系统相互关联构成了供热工程整体，切不可以执行单一条款或独立章节代替《供热规范》整体。同时，《供热规范》与供热相关国家标准、行业标准共同构成了标准支撑体系，执行过程中，《供热规范》与其他标准应相互联系，共同为供热工程建设和运行提供技术保障。

**1.0.2** 城市、乡镇、农村的供热工程项目必须执行本规范。本规范不适用于下列工程项目：

**1** 热电厂、生物质供热厂、核能供热厂、太阳能供热厂等厂区工程项目；

**2** 热用户建筑物内供暖、空调和生活热水供应工程，生产用热工程项目。

**【编制目的】**

本条规定了《供热规范》的适用范围，明确了《供热规范》不适用的供热工程项目。

**【术语定义】**

供热工程：实现供热热能生产、输送的设备、管道及附件、相关配套设施，以及控制软件、操作规程、管理制度等组成的完整系统。

**【条文释义】**

《供热规范》是城乡和农村供热工程的最低要求，适用于城市、乡镇、农村供热工程的规划布局、设计、施工、验收和运行维护全生命期。《供热规范》按供热工程的系统构成提出了具体要求，第2章对供热工程的规模、布局、功能、性能进行了规定，第3章和第4章分别对热源厂站和供热管网进行了规定。按本条款规定，热电厂、生物质供热厂、核能供热厂、太阳能供热厂等厂区工程项目，以及热用户建筑物内供暖、空调和生活热水供应工程，生产用热工程项目，不适用本规范。

热电联产项目依据《热电联产管理办法》（发改能源〔2016〕617号）的有关规定执行。蒸汽初参数为超高压及以上、单台机组容量在125MW及以上、采用直接燃烧方式、主要燃用固体化石燃料的火力发电厂工程按现行国家标准《大中型火力发电厂设计规范》GB 50660的有关规定执行；蒸汽初参数为高温高压及以下参数、单台机组容量在125MW以下、采用直接燃烧方式、主要燃用固体化石燃料的新建、扩建和改造火力发电厂工程按现行国家标准《小型火力发电厂设计规范》GB 50049的有关规定执行；燃料为气或油，燃气轮机额定出力为25MW～500MW级的简单循环、联合循环纯凝发电和热电联产机组按现行行业标准《燃气—蒸汽联合循环电厂设计规范》DL/T 5174的有关规定执行。生物质供热厂按现行行业标准《生物质锅炉供热成型燃料工程设计规范》NB/T 34062的有关规定执行；太阳能供热按现行国家标准《太阳能供热采暖工程技术规范》GB 50495的有关规定执行。热用户建筑物内供暖、空调和生活热水供应工程，以及工业生产用热工程项目，按国家现行建筑环境与节能专业相关标准及相关行业的标准执行。核能供热目前处于理论研究阶段，暂无工程实例和标准可作依据。

本规范中供热厂一般是指以煤、气、油为燃料的供热厂。

**【编制依据】**

《中华人民共和国节约能源法》

《热电联产管理办法》（发改能源〔2016〕617号）

1.0.3 供热工程应以实现安全生产、稳定供热、节能高效、保护环境为目标，并应遵循下列原则：

**1** 符合国家能源、生态环境、土地利用和应急管理等政策；

**2** 保障人身、财产和公共安全；

**3** 采用现代信息技术，鼓励工程技术创新；

**4** 保证工程建设质量，提高运行维护水平。

**【编制目的】**

本条提出了实现供热工程目标的基本原则，目的是使供热工程作为城乡重要的公共基础设施为人民生活和经济发展提供更好保障。《供热规范》内容是供热工程实现安全生产、稳定供热、节能高效和保护环境四位一体目标的基本要求。

**【条文释义】**

《供热规范》既是实现供热设施建设安全和稳定运行的基本要求，也是实现供热工程对支撑社会和经济发展、保障人身和公共安全、节约资源和保护环境的技术保障。作为强制性技术规范，《供热规范》中除了明确供热工程建设发展应遵循"依法依规、保障安全"的基本原则外，还通过提升信息化水平、加强技术创新、提高运行维护水平等导向性原则，力求实现"双碳"目标下倒逼供热技术、设备、产品创新升级的目标。

1）依法依规

法律、行政法规及规范性文件是我国法律体系的重要组成部分，在国家法律体系下开展相关建设和运行维护活动是供热工程应遵循的基本原则。作为城乡发展的重要基础设施，供热工程建设和运行维护过程中涉及的国家政策法规主要包括能源节约、环境保护、土地利用、防灾减灾、应急管理等内容。

2）保障安全

供热工程关乎人民群众的切身利益，同时供热热媒又存在一定的危险性，确保供热工程建设和运行安全是重中之重。保障人身、财产和公共安全是供热工程建设的根本性要求，是供热行业高质量发展和支撑社会经济建设的前提。

3）强化创新

"双碳"背景下实施城市更新行动，采用大数据物联网等先进的工程数字信息技术、打造"信息化智慧供热"是供热行业发展的必然趋势。同时，安全、节能、高效、环保的供热新技术、新工艺和新产品的推广使用，是推动供热行业发展的重要技术条件。新技术、新工艺和新产品，只有通过实践检验，才能逐渐成熟、完善，发挥作用。

4）提升水平

随着我国城乡供热行业的快速发展，供热面积、供热管径、输送距离等大幅增加，热源形式呈现多样化，热用户对供热质量和服务质量提出更高要求。同时，要以实现供热行业高质量发展为目标，以低碳节能、绿色发展为路径，保证供热工程建设质量，提高供热运行维护及服务水平。

【编制依据】

《中华人民共和国标准化法》《中华人民共和国安全生产法》《中华人民共和国节约能源法》《中华人民共和国环境保护法》

《关键信息基础设施安全保护条例》

《关于清理规范城镇供水供电供气供暖行业收费　促进行业高质量发展意见的通知》（国办函〔2020〕129号）


**1.0.4** 工程建设所采用的技术方法和措施是否符合本规范要求，由相关责任主体判定。其中，创新性的技术方法和措施，应进行论证并符合本规范中有关性能的要求。

【编制目的】

本条规定了工程合规性判定的基本规则，目的是鼓励创新性技术方法和措施在满足《供热规范》中有关功能、性能要求的前提下的应用，促进供热工程建设高质量发展。

**【条文释义】**

强制性工程建设规范是以工程建设活动结果为导向的技术规定，突出了建设工程的规模、布局、功能、性能和关键技术措施。但是，规范中关键技术措施不能涵盖工程规划建设管理采用的全部技术方法和措施，仅仅是保障工程性能的"关键点"，很多关键技术措施具有"指令性"特点，即要求工程技术人员去"做什么"，规范要求的结果是要保障建设工程的性能。因此，需要对能否达到规范中的性能要求，以及工程技术人员所采用的技术方法和措施是否按照规范的要求去执行进行全面的判定，其中，重点是能否保证工程性能符合规范的规定。

进行这种判定的主体应为工程建设的相关责任主体，这是我国现行法律法规的要求。《中华人民共和国建筑法》《建设工程质量管理条例》《民用建筑节能条例》等相关的法律法规，突出强调了工程监管、建设、规划、勘察、设计、施工、监理、检测、造价、咨询等各方主体的法律责任，既规定了首要责任，也确定了主体责任。在工程建设过程中，执行强制性工程建设规范是各方主体落实责任的必要条件，是基本的、底线的条件。各方主体有义务对工程规划建设管理采用的技术方法和措施是否符合本规范规定进行判定。

同时，为了支持创新，鼓励创新成果在建设工程中应用，当拟采用的新技术在强制性工程建设规范或推荐性标准中没有相关规定时，应当对拟采用的工程技术或措施进行论证，确保建设工程达到强制性工程建设规范规定的工程性能要求，确保建设工程质量和安全，并应满足国家对建设工程环境保护、卫生健康、经济社会管理、能源资源节约与合理利用等相关基本要求。

**【编制依据】**

《关于深化工程建设标准化工作改革的意见》（建标〔2016〕166号）

# 2 基 本 规 定

本章共三节二十五条，主要对供热工程规模与布局、建设和运行维护提出了功能和性能化要求。通过供热工程规模与选址、供热能源与介质选择、供热系统的建设、供热设施的设置及运行维护等方面的性能化规定，保证了供热工程根本功能的实现。

## 2.1 规模与布局

**2.1.1** 供热工程规模应根据城乡发展状况、能源供应、气候环境和用热需求等条件，经市场调查、科学论证，结合热负荷发展综合分析确定。

**【编制目的】**

本条规定了确定供热工程规模的主要条件和原则要求，目的是保证供热工程建设的科学性。

**【术语定义】**

热负荷：单位时间内热用户（或用热设备）的需热量（或耗热量）。

**【条文释义】**

目前我国的城镇化建设进程不断加快，供热设施的建设也在快速发展，供热作为北方地区居民生活必需商品，已成为人们生活中不可替代的一部分。供热不仅提升了城乡居民的生活幸福感和获得感，也同时服务于工业企业的制造生产，有力地支撑了国民经济和社会发展。

供热工程建设不是一朝一夕的事情，供热工程规模需要兼顾当地的城乡发展状况及城乡远期发展，通过市场调查确定存量用热需求，根据城市建设发展规划来预测由于供暖建筑面积加大等因素增加的远期负荷，同时还要综合考虑气候环境变化、能源供应条件等因素后，经科学论证加以确定。

1）城乡发展状况是确定供热规模的基本依据之一，城乡发展总体要求是宏观目标，供热规模及建设过程是具体目标，两者应实现宏观与微观统一、安全与发展统一、资源供应与消费统一。

2）能源供应是确定供热工程规模的重要支撑，一个地区的能源条件是供热热源发展方向和能源结构的重要引导。供热工程规模的确定应因地制宜，充分考虑当地能源供应形式、供应能力、运输条件等情况，合理选择热源形式和确定供热负荷大小。

3）确定供热工程规模除了考虑某一地区的气候特点外，还应兼顾环境保护的有关要求。环境保护规划中对环境发展目标、污染物排放总量控制与减排、供热污染物排放分摊份额等提出具体要求，既是确定供热发展方向、用能结构、供热方式、供热分区的重要依据，也是确定供热工程规模的刚性要求。

4）用热需求通常按建筑采暖（制冷）热负荷、生活热水热负荷和工业热负荷三类加以考虑。

**【编制依据】**

**《中华人民共和国节约能源法》《中华人民共和国可再生能源法》**

**【实施要点】**

确定供热工程规模过程中应通过现场调研或规划资料分析明确某一区域的主要热负荷，对热负荷和规划热指标进行预测，确定供热方式和供热分区，结合能源供应和气候条件选择供热热源、供热管网介质和供热管网布置。执行过程中可通过现行国家标准《城市供热规划规范》GB/T 51074 的规定支撑本条内容的实施。

**【背景与案例】**

案例一：北京市供热发展建设规划

"十三五"以来，截至 2020 年底，北京城镇地区供热面积共计 8.95 亿 $m^2$，已基本实现清洁供热，新能源和可再生能源耦合供热面积 3893 万 m²，占比约 4.35％。建成了以四大热电中心和太阳宫、郑常庄 8 个热电厂为主力热源，以及 7 个大型燃气供热厂为调峰热源的城市热电联产供热系统，城市供热管网供热面积增长到 1.97 亿 m²；城镇地区共改造燃煤锅炉房 415 座，涉及供热面积 13050m²；余热利用建设项目也在积极推进，郑常庄热电厂、昌平未来科学城热电厂、方庄供热厂、太阳宫热电厂实现余热回收能力约 157MW。全市平原地区村庄基本实现清洁供热，其余农村地区村庄全部改用优质燃煤供热，全市农村地区现有村庄 3921 个，目前有 3386 个村庄，130 万户实现了清洁供热，占村庄总数的 86.4％。

"十四五"末，北京市城镇供热面积将达到 10.5 亿 m²。国家"碳达峰"和"碳中和"目标的提出对北京市的能源供应、气候环境和用热需求等也提出了新的要求，因此北京市"十四五"期间供热工程的规模又有了新的调整：一是能源供应方面，在"十三五"大力发展天然气供热的基础上，"十四五"期间在天然气逐步达峰之后，新增的供热面积不再以化石能源——天然气作为主导供热的主要能源，而是要加强发展余热、地热、太阳能、生物质、垃圾焚烧等非化石能源的供热工程规模。二是气候环境方面，在"十三五"期间进行了燃煤锅炉改燃气锅炉、燃气锅炉再改低氮排放，改善北京大气环境的基础上，"十四五"期间依然要加强大气环境的深度治理，以尽可能减少现有天然气锅炉的冬季取暖碳排放为目标，制定了加快推进城市供热管网对周边锅炉房热源进行整合，以提升城市地下供热管网互联互通从而替代部分天然气锅炉的战略，推进东北和东南热电中心余热利用改造，将北小营、松榆里等区域锅炉房热源接入城市供热管网，从而使城市供热管网工程的规模由 2020 年的 1.97 亿 m² 增加至 2.5 亿 m²，热源能力增加至 10667MW。三是用热需求方面，"十四五"末北京市城镇供热用热需求将由 2020 年的 8.95 亿 m² 增加到 10.5 亿 m²，新增的供热面积中既有城镇供热的需求，也有农村供热的需求，因此北京市"十四五"期间供热工程的规模要继续扩大，多种热源能力的建设工程、地下管网的互联互通工程等都将在"十四五"期间大力推进。

案例二：某社区供热项目

该项目所在地的能源供应情况如下：电力方面，项目所在地电力来源于城市电网接入，本地分布式电源为补充。规划新建1座220kV变电站和4座110kV变电站，未来可接入附近的风电和光伏发电。天然气方面，项目所在地现有陕京二线，主干线设计管径DN300，设计压力6.3MPa，年输气能力为5.7亿Nm³；未来规划有蒙西煤制气管线和京石邯复线。在项目所在区域规划3座次高压A调压站，每座设计规模约3万m³/h～5万m³/h，承担区域调压功能，同时满足综合能源站的供气需求。地热方面，项目所在地地质构造上位于渤海湾盆地的冀中坳陷内，主要构造单元有徐水凹陷、容城凸起、牛驼镇凸起、霸县凹陷、保定凹陷、高阳低凸起，大部分被地热田覆盖。项目所在城市新生界的地温梯度平均为5.2℃/100m。每年地热可采资源量为$1.42\times10^8$GJ，折合标煤485万t。项目所在区域已探明的地热资源丰富，附近无热电联产配套供热管线。

上位规划要求：①新建民用建筑为100%绿色建筑，新建政府投资及大型公共建筑全面执行三星级绿色建筑标准；②本区域规划总建筑面积170.1万m²，其中：居住建筑121.8万m²，公共建筑面积48.3万m²；③本区域清洁能源供热比例达100%；④所有综合能源站均地下布置，烟气需要消白；⑤烟囱应与相邻建设用地内地上建筑一体化设置。

根据上述资源禀赋和上位规划要求，国家以及当地相关标准和规定，设计方案如下：根据当地绿色建筑和节能设计的先进性，居住建筑供热指标取30W/m²，公共建筑按热指标取55W/m²；供热范围内总设计热负荷为65.0MW，设3个综合能源站，其中1号能源站设计热负荷25.3MW，2号能源站设计热负荷14.9MW，3号能源站设计热负荷24.8MW。1号、2号能源站供热区域以居住建筑为主，采用中深层地热和燃气锅炉相耦合的能源供应方式，供回水温度80℃/20℃，在用户侧设置大温差换热站20个。其中1号能源站安装3台6000kW中深层地热换热器和2台8.4MW燃气热水锅炉（其中1台备用），2号能源站安装3台3300kW中深层地热换热器和2台5.6MW燃气热水锅炉（其中1台备用）。3号能源站供热区域以公共建筑为主，采用浅层地源热泵系统和燃气锅炉耦合的能源供热方式，供回水温度50℃/40℃，采用三级泵系统，在用户侧设置三级泵站4个。3号能源站安装2台供热量为4300kW的热泵机组和3台8.4MW燃气热水锅炉（其中1台备用）。

3个能源站均地下布置，燃气锅炉采用低氮燃烧技术，氮氧化物排放浓度低于30mg/Nm³，烟气采用深度余热回收和消白后，经地下烟道至附近合适高度的地上建筑物外墙烟囱高空排放，烟囱与建筑物及周围环境的融合协调由地上建筑物主体设计单位统筹考虑。

**2.1.2** 供热工程的布局应与城乡功能结构相协调，满足城乡建设和供热行业发展的需要，确保公共安全，按安全可靠供热和降低能耗的原则布置。

**【编制目的】**

本条规定了供热工程布局的基本原则和要求，目的是保证供热设施满足城乡发展和保证公共安全。

**【条文释义】**

供热系统由热源厂、供热管道及热力站等设施构成。供热工程的布局应服从城乡空间发展规划，与所在区域的城乡功能结构相匹配，与供热规模相协调，使供热能力合理分布，这有助于提高供热系统的整体建设水平，满足城乡发展的供热需求，确保公共安全。

供热设施的周边地质条件应满足防火、防洪、抗震等安全需求，周边道路、给水排水和电力供应等基本配套设施应满足供热设施的生产需求。供热热源厂和供热管网要方便供热系统的备用连通和维护检修，提高供热系统的韧性和可靠性，同时尽量靠近热负荷比较集中的区域布置，降低供热损耗。

**【编制依据】**

《中华人民共和国城乡规划法》

**【实施要点】**

供热工程是城镇重要的能源基础设施之一，与城乡建设的其他功能息息相关。因此不能把供热工程作为一个单独的、孤立的工程来看待，尤其不能在供热工程的布局上不顾当地城镇能源结构的状况、其他基础设施的状况而仅以供热本身为目标进行布局和规划。应充分考虑当地的能源资源禀赋情况，并与水、电、气、煤等基础设施做好协调。

供热工程属于基建重投资工程，具有投资高、建设周期长的特点，不能在规划布局上仅考虑眼前的供热需求，应以未来发展的眼光来考虑方案，既要结合国家的发展战略和方针，又要结合当地未来发展情况，以适度超前的原则来做供热工程的布局。一般来说一线城市的供热工程布局至少应超前考虑 20 年，二线城市的供热工程布局至少应超前考虑 10 年，三线及以下的城镇的供热工程布局至少也应超前考虑 5 年。

确保供热工程的公共安全也是供热工程在布局上应该考虑的一个重要方面。供热工程的公共安全一般分为两类：一是在充分做到节能降耗的基础上，要保障百姓冬季取暖的质量，不能发生由于能源供应不足而造成百姓冬季受冻的情况；二是不能发生由于供热设施出现事故、损坏而使得百姓生命财产安全受到伤害的情况。

**【背景与案例】**

以北京市的供热布局为例：

北京市"十四五"供热规划通过合理规划布局，提升供热功能的韧性。布局中充分考虑了以下几方面的因素：

一是加快城镇热源能力建设，在规划布局上将城市供热管网的规模增加了 0.6 亿 m² 的能力，加快推进首钢南区调峰热源厂建设，以及对供热管网周边散小热源的整合工作，提升第一热源应急备用热源的供热保障水平，将第二热源的燃重油锅炉房改造成绿色安全的应急热源中心，充分挖掘余热供热资源，推进东北和东南热电中心余热利用改造，使得全市的热源能力在布局上有了充足的裕度。

二是强化城镇供热管网能力的建设。建设东坝金盏地区余热管网，新建朝阳路、双桥东路和广渠路等连通管线，设计鲁北、北小营和首钢等热源配套管线工程的建设，推动南中轴地区供热资源整合、配套供热管网建设。使得北京供热地下管网实现互联互通，互为补充保障。

三是进一步完善农宅供热系统整体的规划，以使用太阳能、地热、蓄热等技术措施作为北京农村地区的供热主体布局，同时在布局上考虑农村特点，加大供热系统的维护能力和保障体系的建设，提升运行服务管理和售后服务水平，保障农村地区安全稳定供热。

通过科学规划布局推进绿色清洁供热。一是推进城镇地区化石能源供热的低碳转型，新建建筑供热严控化石能源使用，原则上不再新建独立燃气供热系统，推进既有供热锅炉新能源和可再生能源耦合替代。二是构建多能耦合的城市供热管网协同供热平台，在布局中推进东坝、首钢等地区多能耦合供热系统的试点，推进供热管网低温化改造，逐步降低供热管网回水温度，提高可再生能源的接纳能力。在规划中鼓励开展供热管网回水热泵供热示范试点，推进松榆里、东南郊等蓄热项目提升供热管网调节能力。三是实施首都功能核心区供热锅炉清洁转型，将二热的燃重油锅炉房改造成绿色安全的应急热源中心，规划了燃气供热锅炉房绿色转型的技术路径，推进实施试点示范。四是提升智能供热水平，开展既有建筑智能供热改造，完善全市智能供热管网一张网建设，将构建供热感知体系纳入未来的供热布局中，同时把未来发展数据中心和电厂等领域的余热利用、积极推进电厂热电解耦的布局予以提前规划到方案中。

**2.1.3** 供热能源的选用应因地制宜，能源供给应稳定可靠、经济可行，能源利用应节能环保，并应符合下列规定：

**1** 应优先利用各类工业余热、废热资源，充分利用地热能、太阳能、生物质能等清洁和可再生能源；

**2** 当具备热电联产条件时，应采用以热电联产为主导的供热方式；

**3** 在供热管网覆盖的区域，不得新建分散燃煤锅炉供热；

**4** 禁止使用化石能源生产的电能，以直接加热的方式作为供热的主要热源。

**【编制目的】**

本条规定了供热能源供给选择应遵循的基本原则，目的是保证供热能源供应的同时，逐步实现清洁供热。

**【术语定义】**

工业余热：工业生产过程中产品、排放物、设备及工艺流程中放出的可资源利用的热量。

废热：工业生产过程中排放的带有热量的废弃物质，如废蒸汽、高温废渣（液）、高温烟气等。

热电联产：热电厂同时生产电能和可用热能的联合生产方式。

**【条文释义】**

按照节约能源、保护环境的基本出发点，明确了供热能源选择的基本要求。

1) 从环保的角度看，可再生能源是最理想的方式，但需要考虑其经济性，具体项目具体分析，不能统一要求。可再生能源的利用可有效减少化石能源的消耗，受到国家政策的鼓励，供热厂也应该优先采用。欧洲很多国家（英国、丹麦）都已明确提出可再生能源利用比例和具体实施时间表，由于受到经济性的影响，我国还没有提出利用比例和具体实施时间表，但如果经济上可行，应鼓励采用可再生能源供热。核能供热也是近年提出的一种清洁能源供热方式，目前正在试点阶段，具有很好的发展前途，也应积极地推广应用。

2）热电联产由于其经济、节能、环保，是国家鼓励的供热方式，也是提高一次能源利用率的有效措施。所以在供热项目实施方案中应优先采用热电联产的供热方式，北欧部分国家已经将热电联产供热列入了能源法中，我国很多省市的供热管理条例中也将热电联产供热列入优先采用的供热方式。

3）供热管网覆盖的区域，热用户都应接入供热系统中，最大限度发挥热电联产效能，提高能源利用效率，减少环境污染源。

4）作为化石能源的火电，属于高品位的能源，目前火力发电厂的发电效率仅在 40% 左右，从能源利用的角度上来看，将火电直接用于供热会造成巨大的能源浪费，应予以禁止。

【编制依据】

《中华人民共和国节约能源法》

《中华人民共和国可再生能源法》

【实施要点】

供热是城镇发展保障的基础设施之一，特别是北方城镇冬季供热更是民生福祉、社会安定的重要保障。冬季供热具有随气候变化的季节性特征，气温越低、需求越大。其能源的选取是决定该项基础设施能否安全、经济运行的关键因素，需要根据城镇所在区域的能源供应实际情况和规划发展要求，选择来源安全可靠、供应持续稳定、运行经济合理、利于环保节能的能源作为供热的能源。

【背景与案例】

2020 年北京城市副中心集中供热面积约为 4120 万 $m^2$，形成了以热电联产、燃气供热为主导，以新能源和可再生能源耦合供热为辅的供热局面。新能源和可再生能源供热比例达到 5%，清洁能源供热比例达到 100%。其中热电联产：三河热电厂，装机容量 $2 \times 350MW + 2 \times 300MW$，供热规模 500MW。配有燃气调峰锅炉房 3 座：玉桥南里锅炉房装机容量 $2 \times 116MW$；竹木厂锅炉房装机容量 3×116MW；河东 5#调峰锅炉房规划总供热能力 261MW（4×58MW+1×29MW），已安装 2×58MW+1×29MW 热水锅炉，供热能力 145MW。热电联产供热面积 1796 万 m²。

城西 5#燃气锅炉房：装机容量 4×70MW，供热面积 433 万 m²。华电北燃能源中心：安装 3 套 GE6F.01 燃气—蒸汽联合循环机组，抽气供热能力 138MW，另外安装 2 台 116MW 调峰锅炉，供热面积 130 万 m²。其余 1760 万 m² 供热面积由 160 余座分散燃气锅炉房供热。

北京城市副中心"十四五"供热、燃气、电力市政设施建设规划的基本原则：

1）安全可靠原则

坚持以能源供应的安全为首要任务。加强热源能力建设，坚持供热方式多元化、供热用能多样化，提高供热系统的韧性。构建新能源和可再生能源、储能等多种方式与热电联产和区域锅炉房耦合的供热体系；全面加强燃气供应系统的保障能力和可靠性，提高常态和非常态下的安全保障水平，加快输气系统的优化与升级；不断完善应急保障措施，增强配气系统的安全可靠性；提高区域供电可靠性和供电质量，建设"结构完善、技术领先、高效互动、灵活可靠"的现代化智能配电网，为新常态下北京城市副中心经济发展及城市建设提供坚强的电力支撑保障。

2）绿色低碳原则

结合"碳中和"目标，以首都高质量发展为引领、践行绿色低碳可持续发展理念，建设绿色智能的能源体系，降低能源消耗总量，提升能源使用效率。大力发展新能源和可再生能源供热，减少温室气体和污染物排放，深入挖掘本地可再生能源供热潜力，重点发展地源、空气源、再生水源等新能源和可再生能源及余热供热。

3）结构优化原则

进一步优化能源消费结构，提高清洁能源利用比例。优化天然气资源配置结构，平衡内外资源，构建多元、多向的能源供应系统；优化供热结构，在全面清洁能源供热基础上，提升绿色及低碳能源比重；优化电网网架结构，全面保障重点地区新增负荷用电和主网供电可靠性需求。

4）节能高效原则

全面提升管网、设施利用效率，提高管网建设与市场发展的匹配程度，降低管网设施在运营过程中的损耗；加强供热系统节能升级改造；鼓励应用磁悬浮热泵、高温热泵和井下换热等高新技术；深度挖潜电厂和锅炉房余热，提高能源利用效率。

"十四五"供热设施建设规划要求：加强热源能力建设，坚持供热方式多元化、供热用能多元化，提高供热系统的韧性。努力构建新能源和可再生能源、储能等多种方式与热电联产和区域锅炉房耦合的供热体系。

一是完善优化以三河热电厂为主的热电联产集中供热系统，支撑北京城市副中心清洁、低碳、高效能源需求。三河热电联产供热区域不再新建燃气供热设施。加强对三河供热管网周边散小热源的整合，并入大网。二是新建建筑供热严控化石能源使用，原则上不再新建独立燃气供热系统，采用城市供热管网、区域供热管网和可再生能源供热。三是大力发展地热及热泵系统，引领新能源和可再生能源供热发展，因地制宜优先发展中深层地热能、浅层地热能、太阳能、再生水余热、数据中心余热和绿电等耦合供热方式。四是有序推进城区分散锅炉房供热资源整合。五是北京城市副中心新建建筑全部实施热计量收费，乡镇地区有序开展热计量收费工作。六是推进实施智能化供热，推进通州区智慧供热平台建设以及智能化供热试点区域和导向。继续开展供热系统节能和老旧供热管网改造工程。

"十四五"规划期末，北京城市副中心城市供热管网将形成"2座电厂＋4座调峰＋1张大网"的供热格局。三河供热管网、核心区供热管网、城西5#供热管网等集中供热管网规划建设连通管线，实现互联互通，进一步提高供热安全保障。

依据供热现状条件及资源分布情况，城市副中心划分为五个供热分区：一是热电联产为主，燃气为辅供热区；二是区域能源中心为主，燃气为辅供热区；三是燃气集中供热区；四是可再生能源和热电联产联合供热区；五是可再生能源为主，燃气为辅供热区。

"十四五"规划期末，预测 2025 年城市副中心总计供热面积将达到 5665 万 m²。其中，热电联产集中供热面积为 3510 万 m²，占总供热面积约 62%；燃气供热面积 1031 万 m²，占总供热面积约 18%；新能源和可再生能源耦合供热面积 1124 万 m²，占总供热面积约 20%。

**2.1.4** 供热介质的选用应满足用户对供热参数的需求。以建筑物供暖、通风、空调及生活热水热负荷为主的供热系统应采用热水作为供热介质。

**【编制目的】**

本条规定了供热介质的选择基本原则。

**【术语定义】**

供热介质：在供热系统中，用以传送热能的媒介物质。

供热系统：由热源通过供热管网向热用户供应热能的设施总称。

**【条文释义】**

供热介质的种类有热水和蒸汽。

采用水作供热介质有以下优点：①在满足使用的前提下，尽可能采用低品位能源，符合能量梯级利用的原理；②热能利用率高，避免了蒸汽系统因疏水器性能不好或管理不善造成的漏汽损失和凝结水回收损失等热能浪费；③便于按主要热负荷进行集中调节；④由于水的热容量大，在短时水力工况失调时，不会引起显著的供热状况改变；⑤在热电厂供热的情况下，可以充分利用汽轮机的低压抽汽和余热乏汽，有较高的经济效益，可提高能源利用率；⑥供热介质可在较低温度下运行，具有更高的安全性和经济性。

由于蒸汽系统凝结水回收质量难以保证，回收率偏低，造成蒸汽系统热能和水资源浪费较大，因此提倡优先采用热水系统。对只有采用蒸汽才能满足供热需求（主要用于工业生产中）的可采用蒸汽介质。

**【编制依据】**

《中华人民共和国节约能源法》

**【实施要点】**

供热介质是供热中热量的载体，正确选择供热介质是保障供热工程节能高效的根本。供热介质的选择首先应满足供热需求，此外还应考虑供热效率和供热质量等因素。为提高供热系统经济性，当热水介质能满足供热需求时供热介质应选用热水。

供热系统通常选用蒸汽或热水作为供热介质，采用水作供热介质具有能源梯级利用效率高、供热距离长、供热损失低、热容量大、供热波动小、采暖舒适性好、安全经济性高等优点。与热水供热相比，蒸汽介质供热具有高温高压的优点，可满足特定工业供热需求，但存在生产成本高、输送距离短、输送效率低、凝结水回收困难等不利因素。

工业用户通常需要蒸汽用作生产过程中加压加热介质，此种情况下只有采用合适压力温度的蒸汽作为供热介质才能满足生产用热需求。建筑物供暖、通风、空调及生活热水热负荷一般为低温系统，供热介质选用热水即可满足用户对供热参数的要求。

## 2.2 建 设 要 求

**2.2.1** 供热工程应设置热源厂、供热管网以及运行维护必要设施，运行的压力、温度和流量等工艺参数应保证供热系统安全和供热质量，并应符合下列规定：

**1** 应具备运行工艺参数和供热质量监测、报警、联锁和调控功能；

**2** 设备与管道应能满足设计压力和温度下的强度、密封性及管道热补偿要求；

**3** 应具备在事故工况时，及时切断，且减少影响范围、防止产生水击和冻损的能力。

**【编制目的】**

本条规定了供热工程设施构成及工艺参数的基本功能要求，目的是保证系统安全和供热质量。

**【术语定义】**

热源厂：将天然或人造能源形态转化为符合供热要求的热能形态的综合设施。

供热管网：向热用户输送和分配供热介质的供热管道、热力站及中继泵站等设施的总称。

监测与调控系统：对供热系统各组成部分（包括热源厂、热电联产工程的供热出入口、供热管网、热力站以及其他一些关键部位）的主要参数及设备的运行状态实行采集、监视、调节和控制的软件系统及硬件设施。

热补偿：管道热胀冷缩时防止其变形或破坏所采取的措施。

水击：在压力管道中，由于液体流速的急剧改变，因而造成瞬时压力显著、反复、迅速变化的现象，也称水锤。

**【条文释义】**

供热系统中的介质具有一定的压力和温度等特性，因此为了保证供热质量首先要确保供热安全。供热系统应具备热源厂、供热管网等必备的设施，并应具备安全性，同时还需具有保证管网安全运行必备的运行维护设备。合理的工艺参数是保证供热系统安全运行和供热质量的前提。

供热系统主要包括热源、一级供热管网、热力站、二级供热管网和户内系统等。供热系统一旦发生事故，不仅会影响百姓冬季取暖和工业生产，还会造成人员伤亡，因此对可靠性要求较高。及时切断事故管网，可最大限度地缩小事故的影响范围。

我国北方地区，电厂常位于郊区，由热电厂向市区供热，输送干线长度通常达到几十公里，且管道通过地区地形复杂，最大高差达到 100m 以上。在长距离的供热管网中，经常会碰到高差较大的起伏地形，为保证用户资用压头，通常会提高供热管网运行压力，或者在中途设置中继泵站。长距离供热管网是一个安装有泵、阀门、补偿器等装置的十分复杂的相对密闭的循环系统，易出现事故。因此，远程监测系统运行的温度、压力、流量工况参数且具备报警、联锁和调控功能是一个基本必备的要求。运行工艺参数和供热质量监测、报警、联锁和调控功能是保障供热系统安全稳定运行、经济节能环保和提高供热企业运行管理水平的重要手段，起着十分重要的作用；联锁保护装置是保证安全稳定经济运行的必要技术措施；设备与管道强度、密封性和管道热补偿要求是保证系统安全的另一必要条件。

水击是供热管网在运行过程中由于突然断电或操作阀门不当极易产生的事故。蒸汽在输送的过程中产生冷凝水，这些水汇集于管道末端或管道上折的位置，如不能被及时排出，承受后面输送蒸汽的压力作用，造成管道振动形成水击；热水输送过程中，依靠循环泵的压力实现流动，从而具有相应的压力热能流速和动能，当这种正常流动受外因作用，例如，突然断电或关闭阀门速度过快，出现动量的突变，其原有的速度动能转化为压力势能，因而使该水体压力出现骤升，骤升压力因远大于原始压力促使流体反向流动而降压，之后增压和减压交替进行，且频率很高，就对管壁和阀门产生犹如汽水冲出一样的锤击作用。无论何种水击均会导致压力高于正常压力几十倍甚至几百倍，从而使管道及设备严重变形或者破坏，同时，水击以波的形式沿管道迅速传递，因而会产生大面积压力波动，使运行中止供热中断。

供热设施冻损是我国北方地区尤其是严寒地区冬季事故发生时易出现的问题。热水供热管道在严寒环境下停止供热，管内热水温度降低会致其冻结膨胀，可造成管道、管路附件及设备等供热设施损坏，长时间停热还可造成室内供暖系统和供水系统管道冻坏等次生灾害，在恢复供热时再次发生事故。

【实施要点】

执行过程中，可通过国家现行标准《锅炉房设计标准》GB 50041、《城镇供热监测与调控系统技术规程》CJJ/T 241、《城镇供热管网工程施工及验收规范》CJJ 28 和《城镇供热管网设计标准》CJJ/T 34、《压力管道规范-工业管道》GB/T 20801、《压力管道规范-公用管道》GB/T 38942 的规定支撑本条内容的实施，也可参考下列要点：

1）为保证管道、管路附件或设备的强度及系统的密封性，工程设计应进行管道强度及热补偿计算，设备及材料选用应满足设计压力和温度条件，设计压力的确定要考虑供热系统地势高差和水力工况分析结果。供热系统在运行前要进行强度试验和严密性试验。供热管道强度试验和严密性试验应按《城镇供热管网工程施工及验收规范》CJJ 28－2014 第 8.1.2 条执行，试验介质宜采用清洁水，水压试验便于实施，比气压试验更简便、安全。严密性试验是在管道系统安装工程全部完成后进行的总体试验。

2）城镇集中供热系统可以采用多热源联网供热，热源之间可互为备用和进行经济调度，不仅提高了供热可靠性，也提高了运行经济性。各热源干线间连通，或供热管网干线连成环状管网，可提高供热管网的可靠性，同时也使热源间的备用更加有效。热源和管网中阀门的合理设置，是避免安全事故、减少事故时停热面积的有效保护措施。

3）为防止事故中的水击，对于热水管道，可设置可靠的定压补水设施，还可以采取阀门在开启或关闭时缓慢进行操作，如采用闸阀时，必须保证闸阀完好，严防阀芯脱落。此外，还应采取措施防止突然停电或误操作关闭管网干线阀门时，瞬态水力冲击造成水击破坏事故。对于蒸汽管道，合理设置疏水装置及时排出启动疏水和经常性疏水；适当提高蒸汽过热度减少管道输送过程产生的疏水。

4）当环境温度低于 0℃ 或长时间停热抢修时，应对供热管网采取防冻措施。

**【背景与案例】**

以北方某城市集中供热为例。该城市有 10 座热电厂，7 座尖峰锅炉。"十二五"期间建设成了 1＋N＋X 的供热管网模式，其中"1"是指一张枝状的地下供热管网，"N"是指 N 个电厂的余热热源可以在一张供热管网上互联互通，"X"是指还有 X 座调峰锅炉房可以在冬季最极端天气下为整个供热系统进行热源能力的补充。这种供热方式的设置，其中一个重要的功能就是具备了在某一个热源或某一段管线出现事故工况时，能够及时切断，并从其他热源和其他管网把供热送至发生事故的周边区域，从而保障了百姓冬季的用热需求。

**2.2.2** 供热工程应设置满足国家信息安全要求的自动化控制和信息管理系统，提高运行管理水平。

**【编制目的】**

本条规定了供热工程设置自动控制和信息化系统的基本要求，目的是全面提高供热技术及管理水平，为实现优质供热、安全运行、经济节能、保护环境提供必要手段，也为实现智慧供热提供基础条件。

**【术语定义】**

自动控制系统：在没有人直接参与的情况下，为使设备或生产过程的某个工作状态或参数按照预定的规律运行，或在受到外界干扰（扰动）的影响而偏离正常状态时，能够被调节回到工艺所要求的数值范围内，而外加的设备或装置的综合体。

信息管理系统：建立在供热管网空间数据库、设备属性数据库及生产收费、运营、办公数据库的基础上，利用各种软件技术等建立起来的信息化业务管理平台。

**【条文释义】**

随着我国城镇经济的发展和人民生活水平的提高，作为城镇重要基础设施的供热也有很大的发展。供热是个系统工程，每个环节错综复杂。热源端既有热电联产余热利用，也有燃煤或燃气锅炉房，还有各种可再生能源；一级管网往往敷设在城区交通密集的路面底下，枝状、环状密集交叉，不仅承担着热媒输送，还承载着多热源联网的保障；热力站换热器、水泵、水处理器等设备品类繁多，二级管网水力平衡极易失调；末端用热建筑更加复杂，建设年代不同、保温结构各异、用热性质各异，供暖季每天的室外温度、湿度、风速的不同造成供热系统的热负荷及水力平衡度随时都在波动，使得室温难以满足不同用户的需求。目前，供热管径最大已达到 1600mm，供热长度最长达到近 80km，长距离输送清洁热源的供热工程已在多地实施，隔压泵站、大型储蓄热等关键技术应用正在推广。上述供热工程的发展使得人工运行调节已经远远不能满足各个环节的需求，自动控制技术不仅有利于将人类从复杂、危险、烦琐的供热劳动环境中解放出来，更是对提高供热系统能效、保证供热系统安全运行、经济运行、绿色运行、优质服务起到不可替代的作用。

供热工程的自动控制主要指对供热过程的控制。供热系统按照结构和功能可以分为源、网、站、户四个部分，其中"源"是指供热系统的热力生产转换或与上游工况的隔离系统，因其系统需采集和控制的参数较多，系统由多个独立部分构成，并且各部分耦合性较强，系统安全性能较高，因此通常采用分布式控制系统/集散控制系统（DCS，Distributed Control System）；"网"主要是指长输管网、一级供热管网，还包括热力输送所需的中继泵、管道检测等，控制系统适合采用 DCS 系统；"站"是指热力管网的各热力站系统，作为站内换热控制和调节，其复杂度不高，数量较多，适合采用数据采集与监视控制系统（SCADA，Supervisory Control And Data Acquisition）；"户"指终端用户系统，主要对房间温度、用户热量等信号进行采集，分户热计量和目标控制系统结构简单，但是数量巨大，适合采用多种类型的数据采集系统或 SCADA 系统。

信息管理系统集生产、经营、办公和客户服务于一体,是供热企业规范管理、高效运营、优质服务的重要平台,一般包括以下系统:

1) 生产管理系统:热源要逐步实现多能互补互备、多源联网、智慧调度、按需供热等;管网要实现水力平衡调节、压力温度等数据实时检测及泄漏事故报警;换热站要实现水泵变频、控制流量、自动调节气候、自动补偿、有人巡检、无人值守等。目的是促进热源、供热管网和用热全过程资源配置优化和能效提升,降低供热运行成本,提高供热能效利用率。

2) 环保监控系统:主要功能包括集中供热系统污染物排放超标监测预报、自动达标调控和统计汇总报告。目的是确保污染物达标排放,提高城镇清洁供热能力。

3) 安全保障系统:主要功能包括集中供热系统事故和故障监测预报、应急响应调度、故障处置和事故抢险指挥等。目的是实现供热系统安全运行监控调度和指挥,提高供热安全保障能力。

4) 供热服务系统:主要功能包括智能化收费退费、用户报修等用户服务和管理。目的是实现供热服务的数字化管理,提高供热服务能力和水平。

5) 企业管理系统:供热企业在建设智慧供热和供热服务管理系统的同时,还要建设与之相衔接的人力资源、设备材料、经营管理等企业管理系统,实现供热企业管理运行精细化、供热服务精准化、供热节能最大化,促进供热企业转型升级,提高供热企业管理水平。

6) 城市供热监管指挥系统:主要功能包括供热企业监管、供热服务投诉、能源消耗监控、热源调度、指挥应急抢险抢修等,在智慧城市的框架下与数字化城市管理系统、地下综合管线管理系统相衔接,数据资源共享。目的是建设与城市发展和清洁供热发展相适应的城市供热保障体系,提高政府供热主管部门监管调度能力。

【编制依据】

《中华人民共和国网络安全法》

《计算机信息系统安全保护条例》《关键信息基础设施安全保护条例》

《国务院办公厅关于加强城市地下管线建设管理的指导意见》（国办发〔2014〕27号）、《信息安全等级保护管理办法》（公通字〔2007〕43号）

【实施要点】

供热工程设置自动化控制和信息管理系统是非常必要的，但两系统的诸多内容不可能一步到位全面实施。既有供热工程可根据当地基础设施建设政策、规划逐步进行改造，新建供热工程则应从设计、建设、运营阶段就把自动化和信息化要求纳入全面提升企业技术水平和管理水平的需求中。通过逐步推广、普及自动化控制和信息化管理，为供热工程向全面实现智慧化供热创造基础条件，同时也为未来把智慧供热纳入到智慧城市建设中提供支撑。

自动化控制和信息化管理系统自身具有的脆弱性和信息安全威胁，使得系统时刻面临信息安全风险，而信息安全风险与传统意义上的生产安全风险具有越来越紧密的联系。供热系统中生产管理系统的信息安全问题，以及生产监控系统的工控安全问题，能够直接影响供热生产系统的功能安全。为了保证供热系统的生产安全，必须在供热系统设计阶段就充分考虑信息安全风险，结合信息安全管理制度采用适当的安全策略。针对设备控制网络应用数据，采用一系列信息安全工控安全的技术和管理手段，并通过持续改进的安全运营保障措施来实现生产安全。实施过程中，应按国家信息安全等级保护要求，通过对信息系统的调查和分析进行信息系统划分，包括确定相对独立的信息系统的个数，选择合适的信息系统安全等级定级方法，科学、准确地确定每个信息系统的安全等级，并从物理与环境上采取技术运营保障措施，实现信息安全的管理。

执行过程中可通过现行行业标准《城镇供热管网设计标准》CJJ/T34、《城镇供热系统运行维护技术规程》CJJ 88、《城镇供热监测与调控系统控技术规程》CJJ/T 241 和国家标准《锅炉房设计标准》GB 50041、《燃气冷热电联供工程技术规范》GB 51131、《信息安全技术　网络安全等级保护基本要求》GB/T 22239、《信息安全技术　网络安全等级保护安全设计技术要求》GB/T 25070 和《信息安全技术　信息系统密码应用基本要求》GB/T 39786 的规定支撑本条内容的实施。

**【背景与案例】**

自动化控制和信息化管理系统的实施，不可避免地面临日益增多的信息安全风险，表现在以下两方面：

一是系统本身存在的脆弱性。由于自动控制大量采用通用计算机设备及组件、通用操作系统、工具数据库、通用网络通信协议和开源代码等，使其自身往往存在设备、系统、协议、代码等方面的脆弱性；同时，由于整个系统层级多、分布广，对有线和无线网络严重依赖，使网络本身也成为系统的主要脆弱点。

二是系统面临的信息安全威胁，包括：

1）物理安全威胁：自动化控制的大部分锅炉房、热力站、输配管线、小室等都无人值守，可能受到人为破坏。

2）设备安全威胁：智慧供热系统的设备目前大多采用通用电子固件和操作系统，往往存在设计或配置缺陷，联网设备可以被远程攻击，自动控制系统是攻击者必然的攻击目标。

3）网络安全威胁：自动控制系统严重依赖网络通信，因此对于网络数据传输的可靠性、准确性有非常高的要求，而针对智慧供热网络进行攻击也是攻击者的必然选择，一旦攻击成功将对所有联网设备造成危害。

4）应用安全威胁：智慧供热系统的应用系统直接管控供热设备，一旦攻击者获得权限进行操作，可能发出错误指令，带来灾难性的后果。

5）数据安全威胁：智慧供热依赖于历史和现实数据分析，

攻击者可能通过破坏数据完整性、准确性来干扰破坏智慧供热系统决策的准确性。

6)控制安全威胁：智慧供热系统自调节、自适应的特点可能被攻击者利用，攻击者可能采用各种方法干扰破坏，甚至骗取系统控制权使整个供热系统失控。

案例：

2015年12月23日，乌克兰首都基辅部分地区和乌克兰西部的140万居民遭遇了一次长达数小时的大规模停电，至少三个电力区域被攻击，占全国一半地区。攻击背景是在克里米亚公投并加入俄罗斯联邦之后，因乌克兰与俄罗斯矛盾加剧，在网络攻击发生前一个月左右，乌克兰将克里米亚地区进行了断电。一个月后，乌克兰的Kyivoblenergo电力公司表示它们公司遭到木马BlackEnergy网络入侵，因此导致7个110kV的变电站和23个35kV的变电站出现故障，从而导致断电。攻击者在线上对变电站进行攻击的同时，在线下还对电力客服中心进行电话DDoS攻击。

据统计，2019年全球各地工控安全问题事件数量逐步上升，报告数量达到329件，涉及包括制造、能源、通信、核工业等15个行业。目前，工控系统作为国家重点信息基础设施的重要组成部分，正在成为全世界最新的地缘政治角逐战场。诸如能源、电力、核等在内的关键网络成为全球攻击者的首选目标，极具价值。城镇供热系统是国家保障民生的重要基础设施之一，但是供热行业的自动化、信息化还处在建设阶段，在这个过程中，信息安全、工控安全尚未得到相关部门和企业的重视，有些企业甚至认为信息安全投入是一种浪费，这些观点是极为错误的。

**2.2.3** 供热工程应设置补水系统，并应配备水质检测设备和水处理装置。以热水作为介质的供热系统补给水水质应符合表2.2.3的规定。

表 2.2.3　补给水水质

| 项目 | 数值 |
| --- | --- |
| 浊度（FTU） | ≤5.0 |
| 硬度（mmol/L） | ≤0.60 |
| pH（25℃） | 7.0～11.0 |

**【编制目的】**

本条规定了供热工程中应设置补水系统及水质检测和水处理装置，并明确了供热系统补给水水质的性能要求。目的是保证系统运行时正常的水压工况、减轻对设备的腐蚀危害，提高能源利用效率和供热设施的使用寿命。

**【术语定义】**

浊度：水中悬浮物对光线透过时所发生的阻碍程度。

硬度：每升水中的钙、镁离子的含量。

pH：表征溶液酸碱性的指标，它直接反映水中 $H^+$ 的含量。

水处理：用物理的和（或）化学的方法使供热系统的水质符合安全和经济运行要求的措施。

**【条文释义】**

供热系统不论一次侧还是二次侧均为闭式系统，需保持一定的压力才可循环运行，但在运行过程中失水是不可避免的。造成失水的原因一般有以下几个方面：一是供热管网的阀门、补偿器、排气阀等各种附件的跑、冒、滴、漏及排污等造成的泄漏失水；二是散热器片、控制阀、管路本身及其他附件突然损坏而造成的故障失水；三是对间歇供暖的供热管网而言，当其升降温时维护系统压力稳定而需排出部分热水或补入部分冷水；四是人为泄水。上述现象发生时如果不及时补水，系统的压力就会下降，不能保证正常运行。因此，应设置补水系统。

为防止热水系统换热器和管道产生腐蚀、沉积水垢，影响供热系统的换热效率和使用寿命，必须对补给水的水质进行严格控制。当前，我国一些城镇供热系统由于管网补水率高，忽视了补给水水质，甚至直接补充工业水、江水，结果使换热设备、管道以至用户散热器结垢、腐蚀，甚至造成堵塞，不仅影响供热效果，还有可能由于长期腐蚀引发管网爆裂事故，严重危害了人民生命安全。

硬度、浊度和 pH 是水质的三个重要的指标。

由于供热系统长期在高温环境下运行，水质硬度大于 0.60mmol/L 时，管壁和换热器等设备表面极易结垢。以板式换热器为例，不锈钢板片的厚度一般为 0.6～0.8mm，结垢厚度若达 0.2mm 就会使得换热器的传热效率降低 25%～30%。

浊度是衡量水质清洁度的一个重要指标。供热管网设备结垢后，部分水垢会与管网设备腐蚀产生的铁锈一起在管网内流动，加之有些供热工程在管网施工过程中没能做好运行前的冲洗，施工遗留的污泥等异物也在循环水中，随着运行时间的积累，有些管网内还会滋生些微生物，造成系统中杂质不断增多。水的浊度若大于 5.0FTU，杂质就会在水流速度较慢的管网附件（如温控阀、机械式热量表、散热器等末端装置）内沉积下来，导致管网堵塞，使系统运行工况恶化。

热水供热系统补给水的 pH（25℃）应维持在 7.0～11.0 范围内，才能减少水对钢材的腐蚀。如果 pH（25℃）小于 7.0，水中磷酸根与钙离子不易进行反应生成容易排出的水渣；水的 pH 也不能太高，当水的 pH（25℃）大于 11.0，则水中游离量氢氧化钠较多，容易引起碱性腐蚀。

**【实施要点】**

执行过程中可通过国家现行标准《城镇供热管网设计标准》CJJ/T 34、《城镇供热管网工程施工及验收规范》CJJ 28、《工业用水软化除盐设计规范》GB/T 50109、《工业锅炉水质》GB/T 1576、《采暖空调系统水质》GB/T 29044 的规定支撑本条内容的实施，也可参考下列要点：

1）补水装置设计过程中应合理确定定压点的选取位置，补水的方式可根据系统情况采用高位常压密闭式膨胀水箱定压补水、隔膜式压力膨胀水罐定压补水、变频泵定压补水等。

2）水处理装置可采用离子交换法、电磁法、膜分离法、阻垢剂加药法、电子除垢仪法等。离子交换法和膜分离法对进水水质有一定要求，当水质不满足时，应进行预处理。电磁法和电子除垢仪法不能单独在锅炉水处理系统中使用。

【背景与案例】

供热工程中设置补水系统及水质检测和水处理装置，并严格按照供热系统补给水水质的要求进行运行是十分必要的。在实际供热运行中，经常会出现由于忽视系统水质处理而造成设备结垢、换热效率降低、管道堵塞甚至设备腐蚀渗漏的问题（图 3-1）。

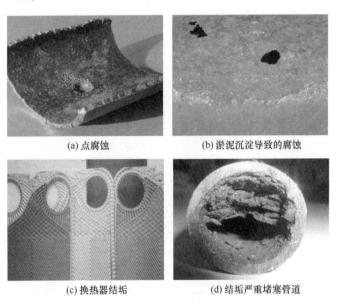

(a) 点腐蚀　　　　　　　　　(b) 淤泥沉淀导致的腐蚀

(c) 换热器结垢　　　　　　　(d) 结垢严重堵塞管道

图 3-1　供热管网腐蚀和结垢案例

**2.2.4**　供热工程主要建（构）筑物结构设计工作年限不应小于 50 年，安全等级不应低于二级。

**【编制目的】**

本条规定了供热工程主要建（构）筑物的最小使用寿命及安全等级的性能要求，目的是合理选择供热建（构）筑物的结构材料和设计计算参数，满足供热设备和管道运行安全和服役寿命的需要。

**【术语定义】**

设计工作年限：设计规定的管道、结构或构件等不需要大修即可按其预定目的使用的时间。

**【条文释义】**

设计工作年限是结构设计的重要参数，不仅影响可变作用的量值大小，也影响着结构主材的选择。本条规定是依据强制性工程建设规范《工程结构通用规范》GB 55001－2021 中建（构）筑物结构设计工作年限划分的原则，参照给水排水、燃气等同类基础设施的设计工作年限，结合供热工程自身的特点，并对不同结构方案和主材选择进行比较，优化供热工程结构全生命周期的成本而制定的。

设计工作年限对象是指主要建（构）筑物结构，并非结构中的所有部件都满足相同的设计工作年限要求。结构中某些需要定期更换的组成部分，可以根据实际情况确定设计工作年限，但在设计文件中应当明确标明。同样，结构部件的安全等级也可以和结构整体有所不同，也应当在设计文件中明确标明。设计工作年限是设计预定的结构或结构构件，在正常维护条件下的最短服役期限，并不意味着结构超过该期限后就不能使用了，服役期满50年后的建（构）筑物可通过对其进行检测或安全性评估，判定其是否可以继续使用。

安全等级主要根据建（构）筑物的重要性以及结构破坏可能产生后果的严重性来确定，其中：一级为很严重，二级为严重，三级为不严重。由于供热工程是城市能源基础设施，中断供热会造成较大社会影响，因此安全等级定为二级。

本规范中供热工程主要建（构）筑物是指热源厂的厂房，安装了换热器、循环泵等主要设备的热力站站房及中继泵站、隔压站站房，供热管网监控中心建筑；管网构筑物指供热管网的管沟、检查室、管道支架等。

【实施要点】

执行过程中可通过现行行业标准《城镇供热管网工程施工及验收规范》CJJ 28、《城镇供热管网设计标准》CJJ/T 34、《城镇供热系统运行维护技术规程》CJJ 88 和《城镇供热管网结构设计规范》CJJ 105 的规定支撑本条内容的实施，也可参考下列要点：

1）供热工程设计文件中，应按本条规定明确标明主要建（构）筑物结构设计工作年限和安全等级。

强制性工程建设规范《工程结构通用规范》GB 55001 - 2021 第 2.1.1 条规定：结构在设计工作年限内，必须符合下列规定：

（1）应能够承受在正常施工和正常使用期间预期可能出现的各种作用；

（2）应保障结构和结构构件的预定使用要求；

（3）应保障足够的耐久性要求。

强制性工程建设规范《工程结构通用规范》GB 55001 - 2021 第 2.2.2 条第 1 款规定：房屋建筑的结构设计工作年限不应低于表 3-1 的规定。

表 3-1　房屋建筑的结构设计工作年限

| 类别 | 设计工作年限（年） |
| --- | --- |
| 临时性建筑结构 | 5 |
| 普通房屋和构筑物 | 50 |
| 特别重要的建筑结构 | 100 |

2）供热工程的使用寿命不仅取决于设计，还与建设和运行情况密切相关。施工方在建设过程中要严格按照设计要求，在材料选择、设备安装、施工工艺等方面确保施工质量；运行方在生产运行过程中应严格做好运行维护工作。

**2.2.5**　供热工程所使用的材料和设备应满足系统功能、介质特性、外部环境等设计条件的要求。设备、管道及附件的承压能力不应小于系统设计压力。

**【编制目的】**

本条规定了供热工程所使用的材料和设备应具备的性能要求，目的是保证供热系统的运行安全和正常供热。

**【术语定义】**

设计压力：在相应设计温度下用以确定供热管道壁厚或设备的压力，其值不得小于管道的最大工作压力。

**【条文释义】**

供热工程所使用设备的合理选型、管道及附件的合理选材是为了保证供热系统安全和正常供热，介质特性、功能需求、外部环境、设计压力、设计温度是决定设备选型、管道及附件选材的基本要素。供热系统涉及热源、供热管网、热力站等各环节，供热管网又分热水和蒸汽管网，敷设方式又包括直埋、架空、管沟（综合管廊）等不同方式，每种方式对材料及设备有不同的要求。如：直埋热水管需要三位一体的保温结构且外护层必须形成整体密封，防止水进入保温层聚氨酯保温材料产生碳化分解；综合管廊保温管（保温材料和外护层）需要阻燃等级达到难燃或不燃级；架空管道要求外护管具有防腐及长期耐紫外线的特性等。在选择材料和设备时，应根据工程的具体特点选择适宜的材料和设备，以保证供热系统满足设计工作年限和安全稳定供热的需要。

为确保工程质量需使用质量合格的设备和材料，不合格的设备和材料不但降低工程质量，也会给运行维护造成隐患，而且极有可能造成能源的浪费。

**【编制依据】**

《中华人民共和国特种设备安全生产法》

《特种设备安全监察条例》

**【实施要点】**

执行过程中可通过国家现行标准《城镇供热管网设计标准》

CJJ/T 34、《城镇供热直埋热水管道技术规程》CJJ/T 81、《城镇供热直埋蒸汽管道技术规程》CJJ/T 104、《火力发电厂汽水管道设计规范》DL/T 5054、《压力管道规范 公用管道》GB/T 38942、《压力管道规范 工业管道》GB/T 20801、《压力容器》GB/T 150、《工业金属管道设计规范》GB 50316 的规定支撑本条内容的实施。

**2.2.6** 厂站室内和通行管沟内的供热设备、管道及管件的保温材料应采用不燃材料或难燃材料。

【编制目的】

本条规定了供热系统厂站室内和通行管沟内使用的保温材料的基本性能要求,目的是保证供热工程的运行安全。

【术语定义】

不燃材料:在空气中受到火焰和高温作用时,不着火,不微燃,不碳化。

难燃材料:在空气中受到火焰和高温作用时,难着火,移走火源燃烧即停止。

【条文释义】

厂站室内、通行管沟(含综合管廊、供热隧道等)是相对封闭的空间,为满足消防安全的要求,明确上述场所内的供热设备、管道及管件的保温材料应是不燃或难燃材料。根据国家标准《建筑材料及制品燃烧性能分级》GB 8624-2012 的规定,不燃材料燃烧性能等级为 A 级,难燃材料燃烧性能等级为 $B_1$ 级,可燃材料燃烧性能等级为 $B_2$ 级,易燃材料燃烧性能等级为 $B_3$ 级。

【实施要点】

保温材料分为有机材料和无机材料。通常,无机保温材料为不燃材料,有机保温材料为易燃材料,但有的有机保温材料经过阻燃处理后可达到难燃级。供热常用保温材料的燃烧性能等级见表3-2。

表 3-2 供热常用保温材料的燃烧性能等级

| 序号 | 保温材料 | | 燃烧性能等级 |
|---|---|---|---|
| 1 | 无机材料 | 膨胀珍珠岩及其绝热制品 | A |
| 2 | | 硅酸钙绝热制品 | A |
| 3 | | 绝热用岩棉、矿渣棉及其制品 | A |
| 4 | | 绝热用玻璃棉及其制品 | A |
| 5 | | 绝热用硅酸铝棉及其制品 | A |
| 6 | | 硅酸盐复合绝热涂料及其制品 | A |
| 7 | 有机材料 | 硬质聚氨酯泡沫制品 | 未经阻燃处理 $B_3$ |
| | | | 经阻燃处理后 $B_1$ |
| 8 | | 聚异氰脲酸酯制品 | 未经阻燃处理 无要求 |
| | | | 经阻燃处理后 $B_1$ |
| 9 | | 硬质酚醛泡沫制品 | 未经阻燃处理 $B_3$ |
| | | | 经阻燃处理后 $B_1$ |
| 10 | | 柔性泡沫橡塑制品 | 未经阻燃处理 $B_3$ |
| | | | 经阻燃处理后 $B_1$ |
| 11 | | 高压聚乙烯泡沫制品 | 未经阻燃处理 $B_3$ |
| | | | 经阻燃处理后 $B_1$ |
| 12 | 复合材料 | 泡沫玻璃制品 | A |
| 13 | | 纳米孔气凝胶复合制品 | $A_2$ 或 $B_1$ |

执行过程中可通过现行国家标准《建筑材料及制品燃烧性能分级》GB 8624 的规定支撑本条内容的实施。

**2.2.7** 在设计工作年限内，供热工程的建设和运行维护，应确保安全、可靠。当达到设计工作年限时或因事故、灾害损坏后，若继续使用，应对设施进行安全及使用性能评估。

【编制目的】

本条规定了供热工程的建设、维护和评估的要求，目的是保障供热设施安全可靠运行。

**【术语定义】**

设计工作年限：设计规定的管道、结构或构件等不需要大修即可按其预定目的使用的时间。

**【条文释义】**

供热设施构造、性能和功能可以满足使用要求是供热系统安全运行的重要保证。供热系统按照设计工作年限设定的标准进行设计。供热设施的建设应按照国家的配套工程建设标准建设。设计工作年限内供热经营者应当按照国家有关安全生产管理的规定，对供热设施定期进行安全检查，对供热设施定期进行巡查、检测、维修和维护，确保供热设施的安全运行。

当供热设施达到设计工作年限后，或遭遇事故、灾害损坏后，相关设施如继续使用，应对供热设施进行安全及使用性能评估，根据评估结论，通过更新或改造工程等措施整改发现的缺陷，使相关设施具备安全可靠承担相应任务的能力。

**【编制依据】**

**《中华人民共和国建筑法》**

**《建设工程质量管理条例》《特种设备安全监察条例》**

**【实施要点】**

供热设施安全可靠是指供热设施在满足性能要求、不发生安全事故前提下具备连续运行的能力。运行维护是供热工程安全可靠运行的基本保障，运行维护需要制定科学全面的操作规程、巡检安检机制、保养措施和应急预案等管理制度，并采取相应的保障措施，确保设施运行维护管理制度的切实执行。

评估是指在定量检测的基础上，通过理论分析与计算，确定设施是否存在缺陷，及缺陷对系统安全可靠运行的危害程度。一般安全评估会给出重大安全风险、一定安全风险、较小安全风险和有一定安全裕度等评估结论。设施管理者应结合不同等级的危险程度采取相应的整改措施。

**2.2.8** 供热工程应采取合理的抗震、防洪等措施，并应有效防止事故的发生。

**【编制目的】**

本条规定了供热工程应具备抗震和防洪的基本功能要求，目的是保证供热设施安全运行。

**【条文释义】**

供热工程作为重要基础设施，其应对自然灾害的能力直接关乎供热系统的正常运转。供热设施一旦遭到洪水或地震破坏，整个社会生活都会受到严重影响，城市就会因社会服务功能中断而处于瘫痪状态，给人们的正常生活带来极大不便，甚至会引发严重的次生灾害，威胁人民生命财产的安全。供热工程所面临的重要自然灾害是地震和洪水，因此，供热工程应具备一定标准的抗震和防洪能力。

国家对不同等级的城市制定了相应的防洪标准，对应的供热设施应按照相应防洪标准进行设计、建设。供热设施的抗震要求应执行现行强制性工程建设规范《工程结构通用规范》GB 55001和《建筑与市政工程抗震通用规范》GB 55002等相关通用规范。

**【编制依据】**

**《建设工程抗震管理条例》**

**【实施要点】**

供热工程的防洪标准一般可根据工程规模确定，抗震按照供热工程所在地区的抗震设防标准执行。

供热工程的抗震设防类别及其抗震设防标准应按现行强制性工程建设规范《建筑与市政工程抗震通用规范》GB 55002的有关规定执行。执行过程中可通过国家现行标准《建筑工程抗震设防分类标准》GB 50223、《建筑抗震设计规范》GB 50011、《室外给水排水和燃气热力工程抗震设计规范》GB 50032、《建筑机电工程抗震设计规范》GB 50981、《建筑消能减震技术规程》JGJ 297的规定支撑本条内容的实施。

供热工程的防洪设防可通过现行国家标准《防洪标准》GB 50201和《室外排水设计标准》GB 50014、《城镇内涝防治技术规范》GB 51222 的规定支撑本条内容的实施。

**2.2.9** 供热工程的施工场所及重要的供热设施应有规范、明显的安全警示标志。施工现场夜间应设置照明、警示灯和具有反光功能的警示标志。

【编制目的】

本条规定了供热设施设置标志、标识的基本要求，目的是保证供热设施运行安全和施工作业安全。

【条文释义】

供热介质具有一定的温度和压力，供热设施具有分布广的特点，所以应有对厂站外人员警示的措施；同时也应加强从业人员的安全意识，切实减少各类违章行为，避免事故的发生。

供热设施作业时，划出作业区，并对作业区实施严格管理是非常有必要的。在作业区周围设置护栏和警示标志对作业人员可起到保护作用，对路人、车辆等可起到提示作用，对作业安全也是应采取的措施。在沿车行道、人行道施工时，应设置交通安全防护措施。夜间在城镇居民区或现有道路施工时，极易造成车辆或行人掉入管沟、碰撞施工围挡等事故，设置照明灯、警示灯和反光警示标志，能大大提高其安全性。

【实施要点】

安全标志分为禁止、警告、指令和提示等四种。

禁止标志主要包括：禁止吸烟、禁止明火、禁止带火种、禁止启闭、禁止合闸、禁止跨越、禁止进入、禁止操作、禁止攀爬、禁止靠近、禁止放易燃物等。

警告标志主要包括：注意安全、当心爆炸、当心触电、当心坠落、当心缺氧、当心有害气体、当心高温、当心腐蚀、当心滑跌、当心碰头、当心烫伤等。

指令标志主要包括：必须戴防毒面罩、必须戴安全帽、必须系安全带、必须检测等。

提示标志主要包括：安全出口、供热设施区域、注意通风等。

执行过程中可通过现行行业标准《城镇供热系统标志标准》CJJ/T 220、《城镇供热系统运行维护技术规程》CJJ 88 和《城镇供热系统抢修技术规程》CJJ 203 的规定支撑本条内容的实施。

本条中重要的供热设施指热源厂、中继泵站、隔压站、热力站。

**2.2.10** 供热工程建设应采取下列节能和环保措施：

**1** 应使用节能、环保的设备和材料；

**2** 热源厂和热力站应设置自动控制调节装置和热计量装置；

**3** 厂站应对各种能源消耗量进行计量，且动力用电和照明用电应分别计量，并应满足节能考核的要求；

**4** 燃气锅炉应设置烟气余热回收利用装置；

**5** 采用地热能供热时，不应破坏地下水资源和环境，地热尾水排放温度不应大于 20℃；

**6** 应采取污染物和噪声达标排放的有效措施。

**【编制目的】**

本条规定了供热工程实现节能环保的基本措施。

**【术语定义】**

热源厂：将天然或人造能源形态转化为符合供热要求的热能形态的综合设施。

热力站：用来转换供热介质种类，改变供热介质参数，分配、控制及计量供给热用户热量的设施。

供热计量装置：热量表及对热量表的计量值进行分配的、用以计量用户消耗热量的仪表。

厂站：热源厂、热力站及中继泵站的总称。

**【条文释义】**

《国务院办公厅关于加强节能标准化工作的意见》（国办发〔2015〕16 号）明确提出，坚持准入倒逼，发挥准入指标对产业转型升级的倒逼作用。本条规定既是对供热工程实现清洁供热的底线要求，也是对供热系统中采用的相关节能设备或技术措施的限制规定。

不合格的设备和材料不但降低工程质量，给运行维护造成隐患，而且极有可能造成能源的浪费。

《中华人民共和国节约能源法》规定，用能单位应当建立能源消费统计和能源利用状况分析制度，对各类能源的消费实行分类计量和统计。能量计量包括燃料的消耗量、耗电量、供热系统的供热量和补水量。一次能源、资源的消耗量均应计量。进行耗电量计量有助于分析能耗构成、寻找节能途径、选择和采取节能措施。循环水泵耗电量不仅是热源系统能耗的一部分，而且也反映出输送系统的用能效率，对于额定功率较大的循环水泵、风机、热泵等设备宜单独设置用电计量。同时，为确保计量的可靠性和计量数据的可用性，加强对供热系统各项能耗的统计，分析系统各项能耗，确保节能政策的实施。

天然气是清洁能源，在我国也是储备比较少的能源，理应充分高效利用。燃气锅炉后排放的烟气具有较多的显热和潜热，目前回收技术也比较成熟，回收烟气余热对节约能源意义重大。在烟气深度余热回收中可有效回收烟气中水蒸气汽化潜热，在回收余热的同时，也降低了烟气中的水蒸气排放。

供热工程不可避免要产生噪声、废水、废气和固体废弃物，如达不到国家现行有关标准的规定，就要进行处置，不得对周边环境和人身健康造成危害。对于临时排放的废水和固体废弃物，要收集并集中处理。

**【编制依据】**

《中华人民共和国节约能源法》

《国务院办公厅关于加强节能标准化工作的意见》（国办发〔2015〕16号）

**【实施要点】**

供热工程无论在城市还是农村都是能源消耗大户，因此要求供热系统应节能，提高能源的利用率。单位供热面积能耗是衡量供热系统是否节能的重要指标。从 2020 年到 2021 年的供热统计指标看，寒冷地区主要城市的单位供热面积能耗在 $0.274GJ/m^2 \sim 0.390GJ/m^2$，最高值比最低值高出 42.3%；严寒地区在 $0.371GJ/m^2 \sim 0.495GJ/m^2$，最高值比最低值高出 33.4%，各可比城市的供热能耗差别较大，有较大降低能耗的空间。

供热系统节能，其一是做好供热系统保温，降低散热损失，保温材料性能要满足设计工况，防止系统运行后保温效果降低甚至失效。其二是要采用高效节能的设备和材料，如锅炉、水泵、换热器选用热效率高的产品；管道选用比摩阻小的材料或采用减阻涂层，确保水质达标，防止管道结垢，减小水泵能耗。

用户需热量通常随着外部气象等因素的变化而变化，因此供热热源的供热能力和热力站的供热量应具备按需调节能力。自动控制调节是实现按需供热的必备手段。热源厂设置供热能力调节系统，可根据气象条件、回水温度或用户反馈信号，按照供热调节机制，通过调节燃料或高温蒸汽的供给量自动调节供热能力。热力站一般通过调节一级管网水流量，控制二级管网的供水温度，实现用户侧按需供热的自动调节。热计量装置是主观节能的重要方式，热源厂和热力站供热出口位置应设置热计量装置。

燃气锅炉排放烟气能量约占天然气燃烧的 10%，且主要表现为烟气中水蒸气潜热，如果回收 50% 的潜热需要把排烟温度降到 45℃ 以下。因此回收天然气锅炉烟气热量要尽可能采用低温换热介质，或采用热泵机组进一步回收余热。

厂站动力用电和照明用电的功能是不同的，一般来说，照明用电是用于厂房、办公室等处的办公用电，动力用电是指供热系统运行所需的用电。动力用电与照明用电分开计量，有利于对供热系统运行时用电能耗进行准确的计量。对于热源厂或热力站来说，供热系统运行时的电能消耗量是衡量系统能耗水平的关键指标之一。热源厂供热系统的电能消耗指标一般用每生产 1GJ 的热量通过一级管网循环泵输送至一级管网时需要消耗多少电来计量，热力站的电能消耗指标一般用每平方米的供热面积需要消耗二级管网循环泵多少度电或者每供热 1GJ 需要消耗二级管网循环泵多少度电来计量，因此，当进行节能考核时，热源厂和热力站不仅需要有准确的循环泵用电量数值，还需要有锅炉产热量的计量和热力站给用户供热量的计量。

供热工程通常要消耗大量化石燃料，因此环保要求应设置烟气处理、噪声控制等措施。烟气处理系统通常含包括粉尘、二氧化硫和氮氧化物三类污染物去除装置。污染物和噪声达标排放控制执行现行国家标准《锅炉大气污染物排放标准》GB 13271、《工业企业厂界环境噪声排放标准》GB 12348、《社会生活环境噪声排放标准》GB 22337、《建筑施工场界环境噪声排放标准》GB 12523。许多地方根据当地大气条件都出台了一些严于国家标准的地方标准，因此供热工程的烟气排放还要注意相关地方标准的规定。

**【背景与案例】**

近年来，随着国家对大气环境治理的加强，污染物排放的相关标准不断出台。供热系统锅炉热源厂的污染物排放直接影响到冬季取暖期间大气的环境质量，因此除了国家标准以外，很多地方根据当地需求也制定了一些高于国标的标准。现把国家标准与北京市地方标准关于燃气锅炉氮氧化物排放的限值对比如下：

2014 年 7 月 1 日起实施的《锅炉大气污染物排放标准》GB 13271 - 2014，增加了燃煤锅炉氮氧化物和汞及其化合物的排放限值，规定了大气污染物特别排放限值，提高了各项污染物排放标准。其中规定在用燃气锅炉氮氧化物排放限值浓度为 400mg/m³，新建燃气锅炉氮氧化物排放限值浓度为 150mg/m³。

而在北京市地方标准《锅炉大气污染物排放标准》DB 11/139 - 2015 中，将燃气锅炉氮氧化物的排放标准提高，分两个阶段实施：第一阶段是实施之日起至 2017 年 3 月 31 日，新建燃气锅炉氮氧化物排放必须低于 80mg/m³，在用燃气锅炉必须低于 150mg/m³；第二阶段是自 2017 年 4 月 1 日起，新建燃气锅炉必须低于 30mg/m³，在用燃气锅炉必须低于 80mg/m³。

**2.2.11** 调度中心、厂站应有防止无关人员进入的措施，并应有视频监视系统，视频监视和报警信号应能实时上传至监控室。

**【编制目的】**

本条规定了供热调度中心、厂站内应采取的安全防范措施，目的是保证上述场所的公共安全和供热系统运行安全。

**【术语定义】**

厂站：热源厂、热力站及中继泵站的总称。

**【条文释义】**

调度中心、热源厂、中继泵站和热力站等是供热系统的核心设施，一旦受到人为破坏，恢复时间长，不但影响用户供暖，还可能带来供热管道和供暖设备损坏等次生灾害。在围墙、门窗等部位加设防入侵措施可有效阻止无关人员进入；监控室能同步获得视频监控信号及闯入报警信号，在为事件留下可追溯资料的同时，能及时发现人员入侵，使事件得到及时处理。调度中心、热源厂、中继泵站和热力站的建设，要做到设计周全、运行管理到位。

**【编制依据】**

《中华人民共和国安全生产法》

**【实施要点】**

供热工程中安全防范工程的建设、运行、维护应按现行强制性工程建设规范《安全防范工程通用规范》GB 55029 的有关规定执行。

在执行过程中应满足安全防范系统安全、可靠、稳定运行的要求，遵循"防范与风险相适应，人力防范、实体防范、电子防范相结合，探测、延迟、反应相协调"的原则。执行过程中可通过现行国家标准《安全防范工程技术标准》GB 50348、《入侵报警系统工程设计规范》GB 50394、《出入口控制系统工程设计规范》GB 50396、《视频安防监控系统工程设计规范》GB 50395 的规定支撑本条内容的实施。

## 2.3 运 行 维 护

**2.3.1** 供热工程应在竣工验收合格且调试正常后，方可投入使用。

**【编制目的】**

本条规定目的是促进供热行业高质量发展，确保供热工程全过程质量合格，保障供热的安全性和可靠性。

**【术语定义】**

竣工验收：由发包人、承包人和项目验收委员会，以项目批准的设计任务书和设计文件，以及国家或有关部门颁发的施工验收规范和质量检验标准为依据，按照一定的程序和手续，在项目建成并试生产合格后（工业生产性项目），对工程项目的总体进行检验和认证、综合评价和鉴定的活动。具体对供热工程来说是指试运行合格后，竣工资料已整理完毕，由建设单位组织设计单位、施工单位、监理单位、管理单位等对资料和工程进行验收。

**【条文释义】**

竣工验收是建设工程的最后阶段，是全面检验建设项目是否符合设计要求和工程质量检验标准以及审查投资使用是否合理的重要环节，是投资成果转入生产或使用的标志。只有经过竣工验收，建设项目才能实现由承包人管理向发包人管理的过度，它标志着投资建设成果投入生产或使用，对促进建设项目及时投产或交付使用、发挥投资效益、总结建设经验有着重要的作用。

竣工验收是保证工程质量的一项重要措施，如质量不合格时，可在验收中发现和处理，以免影响使用和增加维修费用。规范的验收程序、严格的验收要求不但能及时发现工程中存在的质量隐患，而且能促使施工单位提高质量管理意识。未按要求竣工验收或竣工验收不合格的工程，不得投入运行。

施工记录是保证工程质量可追溯的重要资料，也是督促施工单位提高工程质量的重要手段。竣工资料的收集、整理工作应与工程建设过程同步，并妥善保管。有些竣工资料不及时收集或被丢失难以弥补，更不得事后不负责任地随意补交竣工资料。工程竣工后，规定的文件和资料立卷、归档，这对工程投入使用后的运行管理、维修、扩建、改建以及对标准规范的修编工作等都有重要的作用。

工业生产项目，须经试生产（投料试车）合格，形成生产能力，能正常生产出产品后，才能进行验收。非工业生产项目，应能正常使用，才能进行验收，因此供热工程在工程竣工验收合格后，还需要进行调试。主要是因为"热"是一个特殊的商品，评价供热工程质量是否达到要求，不仅涉及建设环节的硬件设施是否安装到位、安全、可靠，还涉及热的输送，热的评价是多维度的，不仅有流量，还有压力、温度、换热效果、运行的稳定性。

在我国北方地区主要城市，热电联产、多热源联网以及区域锅炉房是主要的集中供热方式，本规范所指供热工程主要涉及热源、供热管网（含热力站）两部分内容。对于供热工程尤其是大中型工程，不仅涉及热的产生、输送和交换，还涉及根据气象条件变化的热量调配、关键监控数据的信号传输、调度指令的下达、自控设施自动或智能化运行等多项内容。这些系统如果不进行调试，很难确保系统自动连续稳定运行，达到使用效果，因而也无法保证供热质量。

【编制依据】

《中华人民共和国建筑法》

《建设工程质量管理条例》

《房屋建筑和市政基础设施工程竣工验收规定》 （建质〔2013〕171号）

【实施要点】

工程验收是发现并处理工程质量问题的重要环节，也是检验工程质量的一个重要手段。竣工验收应由建设单位组织，监理单位、设计单位、施工单位、管理单位等参加，验收合格后应签署验收文件。在实际工程中，因供暖期已至，为达到及时供热的要求，采用先供热后办验收手续的方法，都是极为错误的。

供热运行调试不仅涉及具体设备设施是否正常运转、达到正常使用功能，还涉及系统能否根据气象条件变化进行热量调配，关键监控数据是否能够正常采集、信号能否顺利传输，源、网、站、用户之间的调度指令是否能够到位，自控设施能否实现本地自动或远程智能化运行等多项内容。供热工程调试正常后，方可投入正式运行。

现行行业标准《城镇供热管网施工验收规范》CJJ 28 对工程验收做了详细的规定，同时规定了供热工程试运行调试的时间为 72h。

与供热工程相关的验收规范还有：《工业金属管道工程施工质量验收规范》GB 50184、《工业设备及管道绝热工程施工质量验收标准》GB 50185、《机械设备安装工程施工及验收通用规范》GB 50231、《锅炉安装工程施工及验收规范》GB 50273 和《风机、压缩机、泵安装工程施工及验收规范》GB 50275 等。

**【背景与案例】**

案例一：

北方某热电工程部分一级管网管道焊接施工后，未履行设备竣工验收手续，接口保温未按照要求完成对发泡口的封堵即回填，管道运行不到 10 年，就因地下水从未封堵的发泡口进入保温层，在高温水的加热下加速了钢管的外腐蚀，最终导致直埋管道主干线泄漏，造成较大的停热事故。在对当年施工的竣工资料检查发现，施工记录不完整，竣工验收手续缺失。工程竣工后，未按规定对文件和资料及时立卷、归档，竣工图纸不完整。这使得工程投入使用后的运行、维护管理缺少第一手资料，无法针对性地进行巡线。后期工程需要更新改造时，不得不由使用单位重新出资对现状工程进行维修，这不仅给供热安全带来极大的隐患，同时大大缩短了供热管线的使用寿命，无疑给人民财产造成极大的损失，同时也带来不良的社会影响。

案例二：

通常大型供热工程调试过程非常漫长，如某城市热电中心

DN1400 供热主干线工程，全长十几公里，供热面积达上千万平方米，工程连接电厂和主城区环状供热管网，调试时间超过 1 个月。首先是注水，一般的管道工程需要注入符合水质要求的水，满水时间长短取决于热源水处理设备的能力，一般 DN1400 管道十几公里的供热干线往往需要一周左右才能充满。充满后需要排气升压，并逐段升温，现行行业标准《城镇供热管网施工验收规范》CJJ 28 规定了管道升温的速度不得大于 10℃/h，直至系统达到稳定的运行参数，系统进入 72h 试运行状态。在这个过程中不仅热源、供热管网、热力站需要协调运转，要观察各个关键设备的运行状况是否正常，还要保持数据传输以及监控设备的实时在线状态正常，观察自动化设备是否可以自动投入运行，事故报警、安全保护设备是否可以及时动作等等。在调试的过程中需要及时解决工程质量问题、设备质量问题、上下游设备不联动甚至试运行方案不合理的问题等等，直至建筑物末端的用户能够正常供热，达到合理的供热温度，整个供热项目才能正式投入运行。

**2.3.2** 预防安全事故发生和用于节能环保的设备、设施、装置、建（构）筑物等，应与主体设施同时使用。

**【编制目的】**

本条规定目的是预防供热工程运行过程中安全事故的发生，同时实现节能环保目标。

**【术语定义】**

安全事故：生产经营单位在生产经营活动（包括与生产经营有关的活动）中突然发生的，伤害人身安全和健康，或者损坏设备设施，或者造成经济损失的，导致原生产经营活动（包括与生产经营活动有关的活动）暂时中止或永远终止的意外事件。

**【条文释义】**

供热工程项目实施主体一般是供热公司、项目施工单位，为避免项目建成后带有安全隐患或高能耗运行，同时避免对环境的污染或者出现"先（不达标）排放后治理"的局面，要求建设单位预先采取节能环保、安全预防措施,与主体工程配套的安全设施、节能环保设施须与主体设施同步建设、同步投入使用,如此才能最大限度地保证供热工程运行过程的安全和节能环保达到国家规定的要求。

【编制依据】

《中华人民共和国环境保护法》《中华人民共和国安全生产法》《中华人民共和国劳动法》《中华人民共和国职业病防治法》《建设项目环境保护管理条例》

【实施要点】

预防安全事故发生和用于节能环保的设备、设施、装置、建(构)筑物的建设,应当符合国家或地方政府法律法规的要求以及国家、地方、行业标准的规定,还应符合经批准的项目环境影响评价文件以及节能、劳动保护方案的要求。具体来说,在项目可行性研究报告阶段应有项目环境保护、节约能源以及劳动保护的章节,要提出项目施工阶段、运营阶段的环保措施,对项目的环保投资进行估算,对项目进行环境影响综合评价;要提出项目遵守的节能标准以及法律法规,项目用能标准、能耗分析、节能措施;要提出项目安全制度、劳动保护方案措施等。

供热工程项目预防安全事故发生的措施和设施通常有:系统出现超温、超压、掉压、低温等异常工况的报警装置,重要设备的故障报警、断电保护装置,系统出现异常的安全联锁装置,重要厂站的安防设施,防洪、防灾、防爆设施,职业病防护设施,施工阶段和运营阶段的劳动保护装置设施等。

供热工程用于节能环保的设备、设施、装置、建(构)筑物等通常有:气候补偿装置、节能运行设备,节能调度控制系统,热源的脱硫、除尘、脱硝设备,余热回收装置,减振降噪装置,污染物排放在线监测设备,其他固体、液体、气体废弃物处理设备与设施等等。

所有供热工程的安全设施与节能环保设施投资应当按照经批准的立项报告或可行性研究报告的要求纳入建设项目概算。项目建设阶段要按照项目批复要求与主体工程一道纳入建设环节，应当与主体工程同时设计、同时施工、同时投入使用。项目投入运行后，所有相关设施不得擅自拆除或者闲置。

**【背景与案例】**

与供热主体工程配套的安全设施、节能环保设施须与主体设施同步建设、同步投入使用是落实我国环境保护工作的一个重要举措，也是在总结我国供热行业环境管理实践经验基础上的一项重要制度。供热涉及民生，是重大民生工程，其安全运行事关百姓冷暖，事关老百姓能否安全过冬，因此其安全事故的防范不仅是建设过程中需要高度重视的问题，更是投入日常运行后需要高度关注的问题。同时，供热本身既是用能大户，也是污染物排放量大的行业。据统计，北方地区采暖能耗占建筑总能耗的近四分之一，占全社会能耗的 5% 左右，特别是在我国提出实现"双碳"目标背景下，对供热工程低碳节能运行和减排工作提出了更高的要求。供热企业新建热源项目未依据环保法规同步投产环保设施，未做到达标排放而投入生产，将会受到环保监察部门的依法追责。

在供热工程建设过程中，常因为施工工期、设备到货不及时等原因，供热系统中安全设施和环保设施的建设未能与主体工程同步完成。例如，某地房地产开发项目采用集中供热方式，由于开发商承诺住户在冬季交房时供热，而小区配套锅炉房因为设备供货周期原因没能按照设计图纸要求安装低氮脱硝装置，开发商为了不赔款，答应保证住户采暖需求，先行投入锅炉运行。结果造成污染物排放不达标违规问题的发生，被环保部门罚款并勒令整改。

节能环保设施同时投入使用可确保在符合相关要求的情况下，将供热工程运行中排放的废水、废气、废渣、噪声等对环境产生的不良影响降至最低，同时将系统能耗尽可能降低。在实际工程中，也有因节能运行模式没有纳入项目预算，使得系统投入运行之初无法按照节能模式运行，造成系统能耗过高的情况。以山东某地为例，当地大型热电联产项目在设计时没有考虑热源和供热管网合理的调节运行模式，而当地政府起初对供热企业能耗指标不考核，仅考核居民室温投诉率，致使供热企业对节能运行关注不够。因为没有节能平衡调节装置，不能做到各用户均衡供热，为减少投诉，满足极少低温户达标要求，不得不一味地调高供水温度，使得整个供热系统平均供暖室温大大超标，致使整个系统在投运之初的几年均处于高耗能运行状态，造成极大的浪费。直到政府开始狠抓节能减排工作后，企业才意识到问题所在，在后期投入不少资金，用于开发供热系统智慧运行平台，经过调试运行后才使得系统能耗大幅度下降。

**2.3.3** 供热设施的运行维护应建立健全符合安全生产和节能要求的管理制度、操作维护规程和应急预案。

**【编制目的】**

本条规定了供热工程建设和运行中建立和落实安全、节能管理制度的基本要求，目的是保证供热工程建设和供热设施运行的安全。

**【术语定义】**

应急预案：预先制定的对突发事件进行紧急处理的方案。

**【条文释义】**

安全运行、保障供热是政府和热用户对供热设施运营单位的基本要求，也是供热单位的职责所在。同时，供热是重点用能行业，供热运行工作应符合国家对节能减排的要求。因此，供热运营单位应根据供热系统和设施运行、维护的基本原则和特点，健全和落实安全生产责任制，加强供热安全生产标准化建设，建立完整的安全管理制度，保证本单位安全生产投入的有效实施，保障供热安全。同时，要让节能管理制度贯穿于在运行维护工作中，使得供热系统的运行维护符合节能的要求。

制定操作维护规程是进行供热运行、维护和抢修工作的基础。供热系统和设施应按规程进行经常性维护、保养，定期检测、及时更新，以保证系统和设施正常安全运转，保障服务质量。供热单位应在建立安全、节能管理制度和操作规程的基础上，对运行与管理人员进行专门的安全、节能教育和培训，运行与管理人员应掌握和执行有关安全、节能方面的规章制度和要求。

编制事故应急预案是为了供热发生事故时，能采取有效措施避免事故蔓延或发生次生灾害。供热设施要具有预防多种突发事件影响的能力，在得到相关突发事件将影响设施功能信息时，要能够采取应急准备措施，最大限度地避免或减轻损害的影响，采取相关补救、替代措施，并能尽快恢复设施运行。

**【编制依据】**

《中华人民共和国安全生产法》《中华人民共和国突发事件应对法》《中华人民共和国节约能源法》

《市政公用设施抗灾设防管理规定》（住房城乡建部令第 23 号）

《国家突发公共事件总体应急预案》《国家突发环境事件应急预案》

**【实施要点】**

供热安全管理制度应包括安全保证体系、安全教育制度、安全检查制度、消防管理制度等方面内容。应制定安全重点防范内容，建立组织并落实安全风险分级管控和隐患排查治理双重预防工作机制，督促、检查本单位的安全生产工作，及时消除生产安全事故隐患。对安全生产事故要及时如实向有关部门和上级报告。

对具体的供热系统和设施，供热运营单位要制定科学合理的管理制度，包括岗位责任制、设施和设备日常运行维护保养手册、运行和检修安全操作规程、巡检制度及事故应急预案等，并应定期进行修订。供热系统和设施应按规程进行经常性维护、保养，定期检测、更新；对运行、检修、技改和维护状况应进行记录，由有关人员签字，并应建立技术档案；供热管网停运期间应根据供暖期对管网的检查、故障、抢修和用户反馈记录，逐一检查、修理或更换。

节能作为供热工作关注的重点，除了供热设施要具备完整的计量系统，还要具有与节能管理相适应的计量管理制度，定期统计、汇总、分析各类能源消耗状况，对高耗能设施和设备予以升级改造，并且不断完善管理措施，提高能源管理水平。供热单位应制定并实施节能计划和节能技术措施，降低能源消耗。应当定期开展节能教育和岗位节能培训，加强能源计量管理，按照规定配备和使用经依法检定合格的能源计量器具。建立能源消费统计和能源利用状况分析制度，对各类能源的消费实行分类计量和统计，对能源输送、分配、使用各环节进行集中计量监控管理，完善测量体系，建立全套计量档案，并确保能源消费统计数据真实、完整。

供热设施运营单位还应制定安全生产教育和培训计划，对运行人员与管理人员进行定期培训和考核。应当制定供热安全事故应急救援预案，与所在地县级以上地方人民政府组织制定的生产安全事故应急救援预案相衔接，并定期组织演练。应急预案主要包括监测和预警、制度流程、人员和物资、处理预案、后续评估等内容，可根据相关法律、法规和文件，结合供热系统的具体情况制定。通过以上手段方能保证供热系统和设施正常运转，安全和服务质量达标。

执行过程中，可通过国家现行标准《供热系统节能改造技术规范》GB/T 50893、《工业锅炉经济运行》GB/T 17954、《三相异步电动机经济运行》GB/T 12497、《通风机系统经济运行》GB/T 13470、《电加热锅炉系统经济运行》GB/T 19065、《水源热泵系统经济运行》GB/T 31512、《锅壳锅炉　第 8 部分：运行》GB/T 16508.8、《水管锅炉　第 8 部分：安装与运行》GB/T 16507.8、《工业锅炉水处理设施运行效果与监测》GB/T 16811、《燃煤烟气脱硝装备运行效果评价技术要求》GB/T 34340、《燃煤烟气脱硫装备运行效果评价技术要求》GB/T 34605、《离心泵、混流泵与轴流泵系统经济运行》GB/T 13469、《锅炉安全技术规程》TSG 11、《固定式压力容器安全技术监察规程》TSG 21、《城镇供热系统运行维护技术规程》CJJ 88、《城镇供热系统节能技术规范》CJJ/T 185 和《城镇供热系统抢修技术规程》CJJ 203 的规定支撑本条内容的实施。

**【背景与案例】**

供热设施的运行维护过程中，必须要符合安全生产的相关规定。近年来，安全事故时有发生，有些事故就是操作人员没有按照操作规程执行引起的。燃气锅炉除了存在本体超压以及安全附件故障等风险外，还存在燃气泄漏爆炸、炉膛爆燃等燃气安全风险，这些对锅炉操作及安全管理提出了较高的要求。

目前，国家非常重视对可能发生的突发事件制定相应的应急预案，颁布了《中华人民共和国突发事件应对法》《国家突发公共事件总体应急预案》《国家突发环境事件应急预案》《市政公用设施抗灾设防管理规定》（住房城乡建部令第 23 号）等相关法律、法规和规范性文件。《国家突发公共事件总体应急预案》是全国应急预案体系的总纲，是指导预防和处置各类突发公共事件的规范性文件，其中保障公众健康和生命财产安全是首要任务。最大限度地减少突发公共事件及其造成的人员伤亡和危害——体现了现代行政理念对人民政府"切实履行政府的社会管理和公共服务职能"的根本要求。总体预案确定了应对突发公共事件的 6 大工作原则：以人为本，减少危害；居安思危，预防为主；统一领导，分级负责；以法规范，加强管理；快速反应，协同应对；依靠科技，提高素质。按照这一原则，分级制定应急预案，其中地方应急预案指的是省市（地）、县及其基层政府组织的应急预案，明确各地政府是处置发生在当地突发公共事件的责任主体；企事业单位应急预案则确立了企事业单位是其内部发生的突发事件的责任主体。

案例：

2014 年，某市发生城市供热主干线爆管事故，首次发生时正值隆冬，由于事先没有编制应急预案，临时成立指挥系统，临时调集抢险队伍和物资，临时协商采取技术措施，造成抢修不够及时、应急措施不到位、舆情应对效果差，致使停热 5d 才恢复供暖，造成十几万户居民不能及时取暖，给老百姓生活造成很大的不便。事发 2 年后，该市再次发生 DN800 主干线爆管时，由于当地吸取前车之鉴，较好地制定了应急预案，仅用十几个小时即恢复供暖。

**2.3.4** 供热工程的运行维护应配备专业的应急抢险队伍和必需的备品备件、抢修机具和应急装备，运行期间应无间断值班，并向社会公布值班联系方式。

**【编制目的】**

本条规定了供热设施运行维护及抢修保障措施的基本要求，目的是保证供热系统的安全持续运行，减少故障停运时间。

**【条文释义】**

为了保障在供热系统运行过程中，供热设施运营单位能够及时发现故障或事故，迅速排除故障或安排事故抢修抢险，减少故障或事故停运时间，以最短的时间恢复正常供热，供热设施运营单位应拥有一支训练有素的应急抢险队伍，抢修队伍必须有专业技术人员和特殊工种人员的组成要求；同时要配备好排除故障或抢修作业时需要的数量合理的备品备件、抢修以及应急装备。

报修电话是供热设施运营单位发现系统事故的重要信息来源之一，执行中应保证接通率。供热设施运营单位应根据各城市的实际情况，制定严格的制度，合理增加值班备勤点。值班联系方式应向社会公布，以方便用户或其他人员发现供热异常情况后，能够随时与供热值班人员联系以便供热单位及时处理。

**【编制依据】**

《中华人民共和国突发事件应对法》

**【实施要点】**

供热设施运营单位应建立应急抢修物资管理制度，规范各类应急抢修物资的采购、储备、保管和使用等流程。抢修队伍配备专用车辆、可移动电源、通信设备、检测仪器、安全警示器具等装备和充足的抢修工具、常用材料等备品备件，并设立抢修专用装备、材料库。应急抢修设备应保证状况良好，并应由抢修组织机构统一调配，不得挪作他用。抢修队员应按照安全生产管理规定配备安全防护装备。

**【背景与案例】**

案例一：

2001年，某供热企业发生一级管网主干线爆管事故，因为备品备件缺乏导致事故抢修时间的延误，7d未能完成有效维修，导致上亿元经济损失。事故发生后，相应事故管段的上下游阀门应立即关断，但实际的情况是由于阀门质量问题或运行维护不到位或施工过程中破坏了密封面等种种原因造成阀门无法有效关断，导致高温热水不能及时排除，因而无法进行抢修切割焊接；一些补偿器爆裂后没有库存备件，这些主干线上的设备如果不及时调配到位，不但导致大面积停热，还使得事故的抢修处理时间拖长。

案例二：

某供热企业运行期突发一级管网爆裂事故，由于挖掘机没有存放于温度合适的室内，导致设备因低温无法启动，拖延了事故现场的挖掘抢修进度。事故发生后，由于没有相关制度和预案，拖延了事故处理的宝贵时间，尤其严寒地区供热抢修车辆、装备及器材不能满足抢修要求，扩大了事故影响范围，甚至导致系统冻害。

**2.3.5** 供热期间抢修人员应24h值班备勤，抢修人员接到抢修指令后1h内应到达现场。

**【编制目的】**

本条规定了供热设施抢修响应时间的基本要求，目的是缩短抢修过程，及时恢复供热。

**【条文释义】**

由于供热事关千家万户的冷暖，在供热期间，供热管理单位应设置 24h 报修电话并公布于众，一旦发生供热故障或事故，老百姓能通过电话报修或报警；抢修人员 24h 值班备勤是保证随时待命，接到抢修或报警电话能够立即出勤。24h 值班备勤也是市政行业的通用要求，不能因满足接到抢修指令 1h 之内应到达现场，而不采取 24h 值班备勤。

为了尽量降低事故对供热运行、用户及周边环境的影响，及时控制事态的发展，必须尽可能缩短抢修人员到达现场的时间。为此，应急抢修的组织机构和抢修队全体成员应保证通信工具 24h 畅通，抢修人员在接到抢修指令后应保证第一时间到达事故现场。1h 之内应到达现场是最低要求，主要考虑大城市交通高峰，常出现堵车。供热抢修具有很强的时效性要求，供热设施运营企业应根据各城市的实际情况，制定不低于本规范要求的服务承诺，不能满足时要合理增加值班备勤点。

【编制依据】

《中华人民共和国突发事件应对法》

【实施要点】

执行过程中，可通过现行国家标准《城镇供热服务》GB/T 33833 的规定支撑本条内容的实施。

【背景与案例】

供热抢修工作遵循的方针：安全第一，预防为主，以人为本；遵循的工作原则：快速反应，统一指挥，分级负责，内部自救与上级单位、社会救助相结合。

为确保接到抢修任务后，抢修人员 1h 内能够到达现场，供热管理单位应根据供热区域范围分别设置设立抢修队伍，并保持 24h 通信畅通，值班备勤，抢修作业工种齐全，抢修材料、车辆等应急物资设备能够及时调配，保证接到通知立即出发。以北京为例，为保证抢修作业的及时性、有效性，保证接到指令 1h 内到达现场，北京市热力集团有限责任公司在城六区配备了 7 支抢险队伍，共有 200 人左右，不仅能够保证企业供热范围内的应急抢险，还可随时接受供热管理部门调配，为北京市整体的供热应急抢修提供保障。

**2.3.6** 热水供热管网应采取减少失水的措施，单位供暖面积补水量一级管网不应大于 3kg/（m² · 月）；二级管网不应大于 6kg/（m² · 月）。

【编制目的】

本条规定对供热系统的失水量管理提出了基本要求，目的是减少供热系统失水，节水节能，保证供热质量和系统运行安全。

【术语定义】

补水量：为保证供热系统内必需的压力，单位时间内向热水供热系统补充的水量。

一级管网：在设置一级换热站的供热系统中，由热源至换热站的供热管网。

二级管网：在设置一级换热站的供热系统中，由换热站至热用户的供热管网。

【条文释义】

供热系统在漫长的冬季，一级管网和二级管网的供热温度一般都是要随室外温度的变化进行调节，水的体积会随温度变化膨胀或收缩，而供热系统本身属于闭式系统，系统容水量是固定的，因此，当膨胀压力超过一定值时系统就会自动释放一部分水；加上管道的跑冒滴漏，压力低于一定值，系统也会自动补水。据统计，我国北方地区城镇供热面积 2020 年底已达到 152 亿 m²，如此庞大的系统，每年冬季的补水量是巨大的，甚至有可能达到数亿吨。而这些补充的水一般都是经过处理的水，其成本大大高于自来水，加上需要从冷水加热为热水，其附带消耗的热量也是惊人的。因此，治理系统失水是供热运营单位节能减排的重要工作。

我国北方地区有近万家供热单位，从统计数据上看，企业补水量差异很大，说明供热资源分布不均衡，企业管理水平参差不齐。考虑到供热企业的实际情况，结合现行国家标准《供热系统节能改造技术规范》GB/T 50893 的规定，严寒地区采暖期一般不超过 6 个月，寒冷地区一般不超过 5 个月，确定一级管网补水量不应大于 3kg/(㎡·月)，二级管网补水量不应大于 6kg/(㎡·月)。

**【实施要点】**

实际工作中，可针对以下几个方面做好系统失水问题的治理工作：需要对管网设置完善的计量系统，对每个系统的补水量做出计量；要建立失水量考核机制，定期进行失水量的统计分析，规范管理，查找管理漏洞；要采取有力措施，对失水量异常的要及时进行排查处理，系统泄漏造成的失水要加强管线和设备巡视，并及时进行抢修；要结合执法手段，对人为放水偷水的行为加强治理、予以杜绝；要强化运行管理，属于运行操作造成的失水量过大应在非供暖期进行技术改造；采用科技手段监测管网，及时发现漏点减少失水；加强宣传工作，强化居民用热用水中的节能意识等。

**【背景与案例】**

根据中国城镇供热协会 2019～2020 年采暖季对 90 家供热企业（总供热面积 33 亿 ㎡）的统计数据：热电联产供热一级管网单位面积补水量最大值 28.66kg/(㎡·月)，最小值 0.23kg/(㎡·月)，平均值 4.65kg/(㎡·月)，最大值约为最小值的 124 倍。区域锅炉房供热一级管网单位面积补水量最大值 21.39kg/(㎡·月)，最小值 0.10kg/(㎡·月)，平均值 2.78kg/(㎡·月)，最大值约为最小值 214 倍。

统计的 90 家企业二级管网单位面积补水量最大值 46.0kg/(㎡·月)，最小值 0.12kg/(㎡·月)，平均值 8.30kg/(㎡·月)。企业数据分布很不均衡，有极大值和极小值出现，极大值约是极小值的 383 倍。考虑到供热企业的实际情况，结合现行国家标准《供热系统节能改造技术规范》GB/T 50893 的规定，确定二级管网补水量不应大于 6kg/(㎡·月)。

**2.3.7** 供热管道及附属设施应定期进行巡检，并应排查管位占压和取土、路面塌陷、管道异常散热等安全隐患。

**【编制目的】**

本条规定是对供热单位安全生产提出的基本要求，目的是保证供热系统正常安全运行。

**【条文释义】**

敷设在地下的供热管网或设施有时存在未经允许占压施工的情况；或者由于巡检不到位造成被其他管线设施或构筑物占压的既成事实；此外，在管道及附属设施附近取土的行为也会影响供热设施的正常运行，并形成安全隐患。地下供热管网或设施上方的路面发生塌陷以及管道出现异常散热都有可能使管道设施出现漏损或毁坏，影响正常供热甚至可能引发安全事故，必须立即采取措施。

定期巡检是供热单位保证供热管道及附属设施正常安全运行的日常工作，是运行管理最直接、最重要的环节。在巡检过程中，通过工作人员观察，上述问题可及时发现并排除。

**【编制依据】**

《中华人民共和国安全生产法》

**【实施要点】**

各供热单位可根据企业情况，在巡检制度中，制定相应的要求，尤其应重点排查管位占压和取土、路面塌陷、管道异常散热等安全隐患，并对要求进行细化，制作相应的记录表，切实从日常工作的点点滴滴预防安全事故的发生。

执行过程中，可通过现行行业标准《城镇供热系统运行维护技术规程》CJJ 88 的规定支撑本条内容的实施。

**【背景与案例】**

某市供热支线因跑冒滴漏需要抢修，抢修时发现热力管线被市政电信井占压，而临时拆除电信井将严重影响通信用户，电信公司不同意，需要电信部门配合进行线路改造，实施完工后方可进行热力管线改造。如此供热抢修一拖再拖，前后长达 1 个月，造成这一路段热水管道泄漏长时间得不到及时处理，不仅浪费能源，影响供热质量，同时由于道路上长时间雾气腾腾，造成极大安全隐患，严重影响周围居民正常生活。

供热管道及附属设施因巡查不到位，一旦发生管道被占压和取土、路面塌陷、管道异常散热等隐患时，不能及时发现并采取有效措施，极易造成事故扩大乃至人身伤亡。

**2.3.8** 供热工程的运行维护及抢修等现场作业应符合下列规定：

**1** 作业人员应进行相应的维护、抢修培训，并应掌握正常操作和应急处置方法；

**2** 维护或抢修应标识作业区域，并应设置安全护栏和警示标志；

**3** 故障原因未查明、安全隐患未消除前，作业人员不得离开现场。

**【编制目的】**

本条规定了供热设施现场作业的基本要求，目的是规范供热设施运行维护及抢修现场作业，保证作业安全。

**【术语定义】**

抢修：供热系统中的设备、设施发生故障或事故，导致不能正常供热或危及运行安全时，紧急进行的处置和修复工作。

**【条文释义】**

供热设施运营单位应当建立健全供热安全管理制度，对供热工程的运行维护及抢修作业要针对不同作业情境制定科学、合理、可靠的操作规程以及现场作业的具体规定，并定期对管理人员和现场作业人员进行安全知识教育以及操作技能培训。要根据供热事故可能的影响范围和严重程度分级编写供热事故的应急预案，对供热区域实施网格化管理，按照区域配备应急抢修人员、抢险物资和设备，并定期组织演练。

供热设施主要为一级管网、二级管网，热力站、中继泵站以及锅炉房等热源。其中一级管网常常随市政道路敷设于地下，二级管网往往埋设在小区庭院，热力站、中继泵站以及热源厂一般为相对独立的场所，在维护与抢修作业时，操作人员处于有限空间或特定的区域。一级管网温度高压力大，市政道路周边车流、人流情况复杂，供热设施在地下与其他市政基础设施一般毗邻而建，小区庭院人员密集，检查井、锅炉炉膛等又属于有限空间，凡此种种情况一旦操作处置不当，会引发次生灾害。因此，为保证作业周边区域人员的安全，将对环境的影响降至最低，在维护或抢修前应严格划定并标识作业区域，并应设置安全护栏和警示标志，对周围的行人、车辆起到警示作用。

供热设施出现故障后，作业人员按照要求到达维修或抢修现场，要查明故障原因，及时处理，以消除安全隐患。如原因未查明、安全隐患未消除前，作业人员擅自离开现场，将可能导致更大的生命财产安全威胁或损失。

**【编制依据】**

《中华人民共和国安全生产法》

**【实施要点】**

为避免带来次生灾害，现场作业应划出作业区域，并对作业区域实施严格管理。在作业区域周围设置护栏和警示标志对作业人员可起到保护作用，对路人、车辆等可起到提示作用，对作业安全也是应采取的措施。

执行过程中，可通过现行行业标准《城镇供热系统运行维护技术规程》CJJ 88 的规定支撑本条内容的实施。

**【背景与案例】**

某市供热设施运营单位接到群众事故报警电话，某路段人行道冒热气，并有热水从地下溢出。当时的情况，天气转暖，全市于一天前刚刚停止供暖。接到电话后，调度人员通知抢修人员赶赴现场。抢修人员到达现场后，发现事故现场路面局部塌陷，热汽已经冒出地面，但因已经停热，涉事管线阀门已关闭，漏水管线的产权也属于路边的大厦，并不属于供热公司，因此抢修人员擅自做主，仅仅在现场拉起警戒线，未果断采取封闭禁行措施，并擅自离开现场，现场处于无人看护的状态。事故最终导致严重次生安全事故发生，致使路过的行人跌入热水深坑，全身严重烫伤，最终抢救无效身亡。

事故中，如果抢修人员严格遵守操作规程和制度，在安全隐患未消除前不离开现场，而是及时与有关单位沟通，消除隐患，对现场进行有效的看护，就可以及时阻止行人进入警戒区，避免发生次生灾害。

**2.3.9** 进入管沟和检查室等有限空间内作业前，应检查有害气体浓度、氧含量和环境温度，确认安全后方可进入。作业应在专人监护条件下进行。

**【编制目的】**

本条规定了有限空间内作业的基本要求，目的是确保供热设施有限空间作业和人员安全。

**【术语定义】**

有限空间：封闭或部分封闭，进出口较为狭窄有限，未被设计为固定工作场所，自然通风不良，易造成有毒有害、易燃易爆物质积聚或氧含量不足的空间。

**【条文释义】**

一般情况下，供热管沟和检查室均设计为无正常通风的封闭空间，只有当运行维护检修人员进入时，才进行通风或强制通风，因此供热管沟和检查室属于有限空间。为了保证作业人员安全，在进入管沟和检查室前，需要打开两端的井盖，进行长时间通风，如不具备自然通风条件或通风效果不佳，应进行强制通风。通风时间一般根据换气量进行估算，下井前应使用专门的仪器检查有害气体浓度、氧含量和环境温度，达到符合人体健康的要求方能进入。

**【编制依据】**

《有限空间安全作业五条规定》（国家安全生产监督管理总局令第 **69** 号）

**【实施要点】**

供热设施运营单位要建立有限空间的管理制度，对各部门供热范围内的有限空间建立台账，明确负责人、监护人和操作者各自的职责，并做到作业全程可追溯，把安全责任落到实处。

作业过程中，地面设置监护人员十分重要，主要负责地面和操作人员的安全。当出现安全隐患或发生安全事故时，可及时提醒和进行处置，防止事故的发生或扩大。

**【背景与案例】**

北方某供热公司有限空间作业安全操作规程（冬季）：

1）主要危险因素

（1）中毒窒息：有限空间中硫化氢、一氧化碳、甲烷等有毒气体含量超标，导致人体中毒；氧气含量低于规定值、存在刺激性气体或高温蒸汽导致窒息。

（2）爆炸：有限空间可燃气体、粉尘等与氧化剂浓度达到爆炸极限，遇到火源发生爆炸。

（3）触电：进入金属、潮湿有限空间作业不使用安全电压，设备漏电导致触电事故。

（4）烫伤：热水泄漏，导致作业人员烫伤。

2）一般规定

（1）有限空间作业属公司规定的重点危险作业，作业部门必须按规定报批，并设专人监护。未经批准和无人监护时严禁进入有限空间作业。

（2）有可燃气体或可燃粉尘存在的作业现场，所用的检测仪器、电动工具、照明灯具等，必须使用符合现行国家标准《爆炸危险环境电力装置设计规范》GB 50058 要求的防爆型产品。

（3）确保有限空间危险作业现场的空气质量。氧气含量，有毒有害气体、可燃气体、粉尘容许浓度必须符合国家标准的安全要求。

（4）作业时所用的一切电器设备，必须符合有关用电安全技术操作规程。

（5）作业人员进入有限空间危险作业场所作业前和离开时应准确清点人数。

（6）进入有限空间危险作业场所作业，应在显著位置悬挂、张贴警示标志。

（7）密闭容器内使用二氧化碳或氦气进行焊接作业时，必须在作业过程中通风换气，确保空气质量符合安全要求。

（8）冬季运行期间进入有限空间作业前必须确认与有限空间相连的管道阀门处于关闭状态。

（9）对于冬季突发性有限空间作业部门负责人要严格做好有限空间安全管理工作，要求有限空间作业人员务必携带有限空间安全防护用品进行作业，并做好作业前的影像资料留存。

3）作业安全措施

（1）隔离

a）有限空间与其他系统连通的可能危及安全作业的管道应采取有效隔离措施。

b）管道安全隔绝可采用插入盲板或拆除一段管道进行隔绝，不能用水封或关闭阀门等代替盲板或拆除管道。

c）与有限空间相连通的可能危及安全作业的孔、洞应进行严密的封堵。

d）有限空间带有搅拌器等用电设备时，应在停机后切断电源，上锁并加挂警示牌。

（2）通风

a）在有限空间作业过程中，作业单位应当采取下列通风措施：

——打开人孔、手孔、料孔、风门、烟门等与大气相通的设施进行自然通风。

——必要时，可采取强制通风。

——采用管道送风时，送风前应对管道内介质和风源进行分析确认。

b）禁止向有限空间充氧气或富氧空气。

c）发现通风设备停止运转、有限空间内氧含量浓度低于或者有毒有害气体浓度高于国家标准或者行业标准规定的限值时，必须立即停止有限空间作业，清点作业人员，撤离作业现场。

（3）检测

a）有限空间作业应当严格遵守"先通风、再检测、后作业"的原则。检测指标包括氧浓度、易燃易爆物质（可燃性气体、爆炸性粉尘）浓度、有毒有害气体浓度。分析仪器应在校验有效期内，使用前应保证其处于正常工作状态。采样点应有代表性，容积较大的有限空间，应在上、中、下各部位取样。

b）未经通风和检测合格，任何人员不得进入有限空间作业。检测的时间不得早于作业开始前30min。作业中应定时监测，至少每2h监测一次，如监测分析结果有明显变化，则应加大监测频率；作业中断超过30min应重新进行监测分析，对可能释放有害物质的有限空间，应连续监测。情况异常时应立即停止作业，撤离人员，经对现场处理，并取样分析合格后方可恢复作业。涂刷具有挥发性溶剂的涂料时，应做连续分析，并采取强制通风措施。

c）检测人员进行检测时，应当记录检测的时间、地点、气体种类、浓度等信息。检测记录经检测人员签字后存档。

d）检测人员应当采取相应的安全防护措施，防止中毒窒息等事故发生。

（4）清洗、置换

有限空间内盛装或者残留的物料对作业存在危害时，作业人员应当在作业前对物料进行清洗、清空或者置换，使有限空间达到下列要求：

a）氧含量一般为19.5%～21%。

b）有毒气体（物质）浓度应符合现行国家标准《工作场所有害因素职业接触限值》GBZ2的规定。

c）可燃气体浓度：当被测气体或蒸气的爆炸下限大于或等于4%时，其被测浓度不大于0.5%（体积百分数，下同）；当被测气体或蒸气的爆炸下限小于 4% 时，其被测浓度不大于 0.2%。

（5）照明和用电

a）有限空间照明电压应小于或等于 36V，在潮湿容器、狭小容器内作业电压应小于或等于 12V。

b）使用超过安全电压的手持电动工具作业或进行电焊作业时，应配备漏电保护器。在潮湿容器中，作业人员应站在绝缘板上，同时保证金属容器接地可靠。

c）临时用电应办理用电手续，按现行国家标准《用电安全导则》GB/T 13869 规定架设和拆除。

（6）防护措施

a）应当根据有限空间存在危险有害因素的种类和危害程度，为作业人员提供符合国家标准或者行业标准规定的劳动防护用品，并教育监督作业人员正确佩戴与使用。

b）在缺氧或有毒的有限空间作业时，应佩戴隔离式防护面具，必要时作业人员应拴带救生绳。

c）在易燃易爆的有限空间作业时，应穿防静电工作服、工作鞋，使用防爆型低压灯具及不发生火花的工具。

d）在有酸碱等腐蚀性介质的有限空间作业时，应穿戴好防酸碱工作服、工作鞋、手套等防护品。

e）在产生噪声的有限空间作业时，应佩戴耳塞或耳罩等防噪声护具。

（7）监护

a）有限空间作业，在有限空间外应设有专人监护。

b）进入有限空间前，监护人应会同作业人员检查安全措施，统一联系信号。

c）在风险较大的有限空间作业，应增设监护人员，并随时保持与有限空间作业人员的联络。

d）监护人员不得脱离岗位，并应掌握有限空间作业人员的人数和身份，对人员和工器具进行清点。

（8）有限空间作业还应当符合下列要求：

a）保持有限空间出入口畅通；

b）设置明显的安全警示标志和警示说明；

c）作业前清点作业人员和工器具；

d）作业人员与外部有可靠的通信联络；

e）监护人员不得离开作业现场，并与作业人员保持联系；

f）存在交叉作业时，采取避免互相伤害的措施。

（9）撤离

a）有限空间作业结束后，由有限空间所在单位和作业单位共同检查有限空间内外，确认无问题后方可封闭有限空间，对作业现场进行清理，撤离作业人员。

b）作业前后应清点作业人员和作业工器具。作业人员离开有限空间作业点时，应将作业工器具带出。

4）应急处置

（1）强制通风

a）通风机摆放位置应设置在上风口；

b）严禁用纯氧进行通风换气。

（2）自身防护

救援人员要穿戴好必要的劳动防护用品（呼吸器、工作服、工作帽、手套、工作鞋、安全绳等），系好安全带，其他配合穿戴人员应仔细检查设备情况，以防止不必要的原因受到伤害。

（3）脱离危险区域

发现有限空间有受伤人员，用安全带系好被抢救者两腿根部及上体稳步提升，使其脱离危险区域，避免影响其呼吸或触及受伤部位。

（4）保持通信

救援过程中，有限空间内救援人员与监护人员应保持通信畅通，并确定好联络信号，在救援人员撤离前，监护人员不得离开监护岗位。

（5）紧急救护

a）救出伤员对伤员进行现场紧急救护，并及时将伤员转送医院。

    b）迅速撤离现场，将窒息者移到有新鲜空气的通风处。

    c）进行人工呼吸（心肺复苏）救护。

    d）呼叫"120"急救服务，在急救医生到来之前，坚持做伤情应急处置、心肺复苏。

**2.3.10**   供热工程正常运行过程中产生的污染物和噪声应达标排放，并应防止热污染对周边环境和人身健康造成危害。

    **【编制目的】**

    本条规定了供热设施运行过程中污染物和噪声排放的基本要求，目的是防止供热设施运行对周边环境产生污染。

    **【条文释义】**

    供热不可避免地要产生噪声、废水、废气和固体废弃物，如达不到国家现行有关标准的规定，就要进行处置，不得对周边环境和人身健康造成危害。对于临时排放的废水和固体废弃物，要收集并集中处理。热介质影响主要指供蒸汽管道或热水管道运行中，管道的散热不得影响人员和环境的安全，如损坏绿化，高温水直接排入城市下水管线、雨水管线或河流等。

    当前对供热生产中产生的噪声、废水、废气和固体废弃物，生态环境部门一般采取在线监控系统进行监督，少部分规模小、运行时间短的采用定期检测进行监督。供热管道正常情况下不会对周边环境产生严重影响，当管道出现泄漏或者保温结构破坏时，会出现影响周边植被的情况。通过人工巡线、无人机巡线、泄漏监测系统、温度胶囊发现异常升温时，要查找原因并进行修复。

    **【实施要点】**

    执行过程中，锅炉房排放的大气污染物应符合现行国家标准《锅炉大气污染物排放标准》GB 13271、《大气污染物综合排放标准》GB 16297 和所在地有关大气污染物排放标准的规定；位于城市的锅炉房，其噪声控制应符合现行国家标准《声环境质量标准》GB 3096 的规定；锅炉房噪声对厂界的影响应符合现行国家标准《工业企业厂界环境噪声排放标准》GB 12348 的规定；锅炉房排放的各类废水，应符合现行国家标准《污水综合排放标准》GB 8978 和《地表水环境质量标准》GB 3838 的规定，并应符合受纳水系的要求。

同时，可通过现行行业标准《供热站房噪声与振动控制技术规程》CJJ/T 247 的规定支撑本条内容的实施。

**【背景与案例】**

随着社会经济发展，人们环境意识不断增强，对居住环境尤其是噪声的控制提出了更高要求。供热系统噪声污染常有发生，尤其是高层建筑地下热力站的振动噪声，频率分布在 100Hz～500Hz，属于低频噪声，穿透力强、衰减缓慢，通过建筑结构和管道系统传播，振动叠加，造成室内声环境严重恶化。当热力站消声隔振措施不全面时，楼内室内极易出现噪声污染现象，严重影响居民日常生活。

某小区热力站在采暖季运行过程中，5 层用户反应室内有连续不断的嗡嗡声，夜间尤其突出，严重影响用户夜间睡眠质量，经检测室内噪声音量达到 53dB。在排查过程中排除其他噪声源后，发现噪声主要来自地下热力站。该热力站位于小区地下一层，分为低区（1 层～7 层）和高区（8 层～15 层）两台机组，对造成热力站噪声污染的原因进行了分析，主要是以下三方面噪声所导致：

一是循环泵运行噪声。通过数据分析，低区循环泵运行状态点，远远偏离高效运行状态点，且偏离循环泵运行曲线，导致低区循环泵运行流量偏大，管道内部水流速超过限值，动力性水力噪声明显。通过更换循环泵进行故障排除，选用低速四级泵，循环泵运行状态点回到曲线上并且运行平稳，管道噪声得到下降，水流冲刷声音降低。

二是循环泵未进行减振隔振处理。高区循环泵安装方式异常，循环泵卧式安装，由于重力影响，导致电机内部轴偏心，致使产生机械摩擦，导致机械振动，不利于循环泵长期运行；同时循环泵未与管道隔离，未安装软连接，基础未进行隔振处理，大量的振动沿着管道和建筑主体辐射传播，管道传播的噪声与建筑主体结构传播的噪声叠加，共同影响了建筑内部声环境，耳朵贴在墙壁上可以明显地感受到振动噪声；而且变径管道直接接在循环泵入口处，导致进入循环泵内部水流不平稳，引起循环的振动。通过改变循环泵安装方式，进行垂直安装，并采取循环泵前后加装软连接、循环泵入口留出 2 倍直径管长等措施，室内整体噪声得到有效改善（图 3-2）。

(a) 改造前　　　　　　　　(b) 改造后

图 3-2　循环泵安装改造效果图

三是管道穿墙和支架未进行隔振处理。管道穿墙和穿越楼板未采用消声隔振材料填充，管道与支架之间处于硬连接状态，同时管井内部支架也缺乏隔振措施，管道与支架连接以点焊为主，管道振动直接通过墙体进入室内，形成噪声。根据发现的问题，采取如下措施：在穿墙孔内打入隔振的发泡剂，将管道与墙壁隔离；支架与管道之间设置隔振垫，进行隔离；管道井内管道与支架之间垫入橡胶垫，同时在管道井内壁粘贴隔声板（图 3-3）。

通过以上消声隔声措施，室内噪声从 53dB 降到 25dB，室内

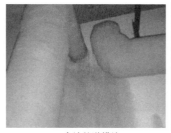

(a) 穿墙管道措施          (b) 支架隔振措施

图 3-3　穿墙管道改造效果图

噪声污染得到大幅改善，达到国家室内噪声排放标准，避免了站房迁移的经济成本，同时得到了用户对公司的认可，提升了公司的社会形象，取得了良好的经济效益和社会效益。

# 3 热 源 厂

本章共三节二十六条，主要对热源厂中厂区布置、锅炉和设备及管道和附件等方面做出了规定。热源方面，对实现供热工程的基本功能、发挥供热工程的基本性能提出了具体技术规定。

## 3.1 厂 区

**3.1.1** 热源厂的选址应根据热负荷分布、周边环境、水文地质、交通运输、燃料供应、供水排水、供电和通信等条件综合确定，并应避开不良地质和洪涝等影响区域。

【编制目的】

本条规定了热源厂建设选址的原则性要求，目的保证热源厂的建设和运行安全。

【术语定义】

热源厂：将天然或人造能源形态转化为符合供热要求的热能形态的综合设施。

【条文释义】

热源厂厂址的选择受其自身合理规模的影响，立足实际，统筹兼顾城乡总体空间规划、供热范围内的热负荷及城乡建设进度、能源供给、地质条件和配套设施等因素，避免供热工程的无序建设。

1) 热负荷分布是热源厂选址需考虑的重要因素，原则上热源厂应建在热负荷中心或热负荷集中的地区，以减少输送能耗，节约能源；便于管网水力平衡，保障供热；减少输送管网的长度或减小管径，节约投资。

2) 热源厂厂址选择应满足城乡空间规划要求，与周边环境相协调，减小对周边环境的影响，同时防止或减轻周边环境对热源厂的影响。当热源厂建在城市建成区时，其建筑风格应与周边环境相协调，摒弃热源厂傻大黑粗的传统印象；当规划对热源厂建筑风格有特殊或更高要求时应得到满足。厂址应有利于减少烟尘、有害气体、噪声和灰渣对周边环境的影响，并应符合环评要求；烟气应有组织高空排放，烟囱应按环评要求高于周边一定范围内的最高建筑物。

3）热源厂厂址选址同时应便于燃料供应，确保热源厂正常运行。热源厂燃料选择应与当地能源资源或能源供应相匹配，按照"宜煤则煤、宜气则气、宜电则电"的原则确定。

4）供水排水、供电和通信等配套设施是热源厂正常运行必不可少的市政基础条件，应在建设前期统筹考虑。

【实施要点】

当采用化石能源或生物质为燃料的热源厂附近有居民区或主要环境保护区时，全年运行的热源厂应设置于总体最小频率风向的上风侧，季节性运行的热源厂应设置于该季节最大频率风向的下风侧。

燃料是热源厂重要的生产资料，热源厂周边应有满足燃料运入、灰渣运出、日常维护维修材料运输、人员往返的交通设施。同时，在热源厂建设时应采取措施减少特殊情况造成交通中断或困难时（如冰雪封路、航道停运、黄梅雨季、大风停航、交通管制等）对热源厂运行的影响，可在热源厂设置一定规模的燃料储备。以煤为燃料的锅炉房，采用火车和船舶运煤时，可设置不小于10d的锅炉房最大计算耗煤量的煤库；采用汽车运煤时，可设置不小于5d的锅炉房最大计算耗煤量的煤库；以油为燃料的锅炉房，采用火车或船舶运输时，可设置总容量为20d～30d的锅炉房最大计算耗油量的储油罐；采用汽车油槽车运输时，可设置总容量为3d～7d的锅炉房最大计算耗油量的储油罐。当采用管道输送时，可设置总容量为3d～5d的锅炉房最大计算耗油量的储油罐。

项目建设过程中应同时落实市政基础设施条件，满足项目建设和运营的需求。如，在建设阶段应取得热源厂周边道路标高和本区域洪水水位的相关资料，以合理确定厂区标高，便于厂区雨水的排放；取得供水协议、排水协议、供电协议等，满足运营需求。

执行过程中，可通过现行国家标准《工业企业总平面设计规范》GB 50187、《锅炉房设计标准》GB 50041、《锅炉大气污染物排放标准》GB 13271、《工业用水软化除盐设计规范》GB/T 50109、《声环境质量标准》GB 3096、《工业企业厂界环境噪声排放标准》GB 12348、《建筑设计防火规范》GB 50016、《石油库设计规范》GB 50074、《燃气冷热电联供工程技术规范》GB 51131 等的规定支撑本条内容的实施。

**3.1.2** 热源厂内的建（构）筑物之间以及与厂外的建（构）筑物之间的防火间距和通道应满足消防要求。

**【编制目的】**

本条规定了热源厂在选址及进行平面设计时，控制热源厂站内的各建（构）筑物与厂站外各类建（构）筑物之间的间距，目的是保证供热安全生产。

**【术语定义】**

防火间距：防止着火建筑在一定时间内引燃相邻建筑，便于消防扑救的间隔距离。

**【条文释义】**

在某一建（构）筑物发生火灾时，为了减小对相邻建（构）筑物的危害，根据不同建（构）筑物火灾危险性等级，要求建（构）筑物之间应满足一定的间距（防火间距）。除此之外，还应满足消防车在救火过程中能顺利到达的要求。

建（构）筑物之间的防火间距应根据不同建（构）筑物火灾危险性类别和耐火等级确定，并应符合现行强制性工程建设规范《建筑防火通用规范》GB 55037 的规定。

**【实施要点】**

锅炉房宜为独立的建筑物。当锅炉房独立布置有困难，需和其他建筑物相连或设置在其内部时，不应设置在人员密集场所和重要部门的上一层、下一层、贴邻位置以及主要通道、疏散口的两旁，并应设置在首层或地下室一层靠建筑物外墙部位。住宅建筑物内，不宜设置锅炉房。

热源厂与其他建（构）物的防火间距按现行国家标准《建筑设计防火规范》GB 50016 的相关规定执行。当热源厂内设置燃气、燃油装卸、储存、输送等设施，可通过现行强制性工程建设规范《燃气工程项目规范》GB 55009 和现行国家标准《城镇燃气设计规范》GB 50028、《石油库设计规范》GB 50074 等的规定支撑本条内容的实施。

热源厂厂区应设置具备通行消防车、并与外部公共道路贯通的道路，消防车道或兼作消防车道道路的设置和技术参数应符合现行强制性工程建设规范《建筑防火通用规范》GB 55037 的规定。

**3.1.3** 锅炉间和燃烧设备间的外墙、楼板或屋面应有相应的防爆措施。

**【编制目的】**

本条规定了供热设施的防爆要求，目的是保证安全生产、减少事故损失。

**【术语定义】**

锅炉间：安装锅炉本体的房间。

燃烧设备间：燃气冷热电联供系统中，安装燃气燃烧设备的房间。

**【条文释义】**

锅炉间和燃烧设备间通常安装有压力容器、压力管道，也存在可燃气体集聚的可能，应考虑泄爆问题。当锅炉间或燃烧设备间发生爆炸事故时，通过引导泄压，避免无序泄压造成次生灾害。

**【实施要点】**

常见的防爆措施是设置相当于锅炉间或燃烧设备间占地面积

10%的泄压面积，泄压面积可利用对外墙、楼地面或屋面采取相应的防爆措施办法来解决，如易于泄压的门窗、轻质屋面等。泄压地点也要确保安全，泄压方向不得朝向人员聚集的场所、房间和人行通道，泄压处亦不得与其相邻。

在执行过程中，可通过现行国家标准《锅炉房设计标准》GB 50041、《燃气冷热电联供工程技术规范》GB 51131、《建筑设计防火规范》GB 50016 的规定支撑本条内容的实施。

本条仅对锅炉间和燃烧设备间的防火防爆提出要求，供热工程其他建（构）筑物或功能用房的防爆要求应根据其特点，按现行强制性工程建设规范《燃气工程项目规范》GB 55009 和现行国家标准《建筑设计防火规范》GB 50016、《城镇燃气设计规范》GB 50028、《石油库设计规范》GB 50074 的规定执行。

**【背景与案例】**

某锅炉房为地下布置，锅炉间位于地下一层，锅炉间长度42m，宽度 15m，锅炉间占地面积为 630m²，安装 4 台 14MW 和2 台 2.8MW 燃气热水锅炉。在锅炉间顶部设置 2 个天窗，直通地面。每个天窗长度为 17.5m，宽度为 4.5m，2 个天窗水平投影面积均为 78.75m²，合计水平投影面积为 157.5m²。天窗具备锅炉间泄爆口、设备吊装口和采光窗的功能，满足泄爆、采光、吊装等要求。天窗的地面四周为绿化草地，草地四周设防护栏杆。

**3.1.4** 锅炉间和燃烧设备间出入口的设置应符合下列规定：

**1** 独立设置的热源，当主机设备前走道总长度大于或等于12m 或总建筑面积大于或等于 200m² 时，出入口不应少于 2 个；

**2** 非独立设置的热源，出入口不应少于 2 个；

**3** 多层布置时，各层出入口不应少于 2 个；

**4** 当出入口为 2 个及以上时，应分散设置；

**5** 每层出入口应至少有 1 个直通室外或疏散楼梯，疏散楼梯应直接通向室外地面。

**【编制目的】**

本条规定了锅炉间和燃烧设备间出入口设置的最低数量,目的是保障紧急情况下人员疏散。

**【条文释义】**

锅炉间属于丁类厂房,锅炉间和燃烧设备间具有一定火灾危险性,有爆炸的可能,原则上应设 2 个出入口,便于人员就近疏散。仅当炉前走道总长度小于 12m 且总建筑面积小于 $200m^2$ 时的地上独立锅炉房的锅炉间方可设 1 个出入口。

**【实施要点】**

本条仅对锅炉间和燃烧设备间出入口的设置提出要求,在执行过程中,可通过现行国家标准《锅炉房设计标准》GB 50041、《燃气冷热电联供工程技术规范》GB 51131、《建筑设计防火规范》GB 50016 的规定支撑本条内容的实施。

热源厂的其他建(构)筑物或功能用房的疏散要求和出入口设置的要求根据其特点按现行强制性工程建设规范《燃气工程项目规范》GB 55009 和现行国家标准《建筑设计防火规范》GB 50016、《城镇燃气设计规范》GB 50028、《石油库设计规范》GB 50074 的规定执行。

**3.1.5** 设在其他建筑物内的燃油或燃气锅炉间、冷热电联供的燃烧设备间等,应设置独立的送排风系统,其通风装置应防爆,通风量应符合下列规定:

**1** 当设置在首层时,对采用燃油作燃料的,其正常换气次数不应小于 3 次/h,事故换气次数不应小于 6 次/h;对采用燃气作燃料的,其正常换气次数不应小于 6 次/h,事故换气次数不应小于 12 次/h。

**2** 当设置在半地下或半地下室时,其正常换气次数不应小于 6 次/h,事故换气次数不应小于 12 次/h。

**3** 当设置在地下或地下室时,其换气次数不应小于 12 次/h。

**4** 送入锅炉间、燃烧设备间的新风总量,应大于 3 次/h 的换气量。

**5** 送入控制室的新风量，应按最大班操作人员数量计算。

【编制目的】

本条规定了设在其他建筑物内的供热设备间的通风要求，目的是避免可燃气体积聚。

【条文释义】

设在其他建筑物内的燃油或燃气锅炉间、冷热电联供的燃烧设备间等，往往受建筑条件限制，自然通风条件比地上独立锅炉房和地上贴建其他建筑物的锅炉房要差，又存在燃气管路系统泄漏、燃油挥发等风险，通风不良时，易于聚积而产生爆炸。设置送排风系统可防止可燃气体聚积，同时排出余热余湿。

设在其他建筑物内的燃油或燃气锅炉间设置独立的送排风系统，可避免锅炉间的余热余湿和可能存在的可燃气体随送排风系统进入其他房间，污染或危害其他房间。

【实施要点】

锅炉间的通风量应按房间尺寸进行计算，可按现行国家标准《工业建筑供暖通风与空气调节设计规范》GB 50019 的规定执行。

通风量计算时不应计入锅炉等设备燃烧所需的空气量，其主要原因为：

1）燃烧所用空气量为满足设备内燃料燃烧，其气流方向与排出房间余热余湿以及可能存在的可燃气体的送排风系统存在差异；

2）锅炉等设备存在部分负荷运行，甚至存在在某段时间全部停运的可能，也就是说燃烧用空气量波动性大；

3）部分锅炉房采用专用风道将燃烧用空气直接送到锅炉等设备的空气进口。

锅炉间和燃烧设备间的送排风系统应根据可能产生的可燃气体的特点合理设置。如以天然气为燃料，天然气的主要成分为甲烷，其分子量比空气小，燃气管道或管道附件发生泄漏后，可燃气体主要会聚积在房间的上部；若以轻柴油（普通柴油）为燃料，轻柴油是复杂烃类（碳原子数约 10～22）混合物，沸点范围为 180℃～370℃，其分子量比空气大，挥发到空气中后会聚积在房间的下部。

事故风机与可燃气体报警装置联锁，在可燃气体探测装置检测到可燃气体聚积时自动启动，此时空气中已存在可燃气体，事故风机应防爆。

控制室属于经常有人值班的房间，其空气质量应满足值班人员健康需求，有空气调节的房间应保证人均不小于 30m³/h 的新风量，具体要求可按现行国家职业卫生标准《工业企业设计卫生标准》GBZ 1 执行。

【背景与案例】

供热工程常用的气体燃料为天然气，天然气是指直接从自然界开采和收集的以甲烷为主的复杂烃类混合气体，包括气井气、油田伴生气、矿井气等。天然气中甲烷占绝大多数，另有少量的乙烷、丙烷、丁烷、硫化氢、二氧化碳、氮气、水气等。天然气的特性因其组分不同而有差异，气井气的甲烷含量在 90% 以上，低位发热量约为 32MJ/Nm³ ～ 36MJ/Nm³，标态下密度约为 0.7435kg/m³，爆炸下限约为 5%（体积分数），爆炸上限约为 15%（体积分数）。常用气体的主要特性见表 3-3，混合气体的特性可通过计算得出；北京某锅炉房某次化验的天然气组分见表 3-4。

表 3-3　常用气体的主要特性表

| 序号 | 名称 | 分子式 | 密度（kg/Nm³） | 高位发热量（MJ/Nm³） | 低位发热量（MJ/Nm³） | 爆炸极限（体积分数）（%） | |
| --- | --- | --- | --- | --- | --- | --- | --- |
| | | | | | | 下限 | 上限 |
| 1 | 甲烷 | $CH_4$ | 0.7174 | 39.842 | 35.906 | 5.0 | 15.0 |
| 2 | 乙烷 | $C_2H_6$ | 1.3553 | 70.351 | 64.397 | 2.9 | 13.0 |

| 序号 | 名称 | 分子式 | 密度 (kg/Nm³) | 高位发热量 (MJ/Nm³) | 低位发热量 (MJ/Nm³) | 爆炸极限 (体积分数) (%) | |
|---|---|---|---|---|---|---|---|
| | | | | | | 下限 | 上限 |
| 3 | 乙烯 | $C_2H_4$ | 1.2605 | 63.438 | 59.477 | 2.7 | 34.0 |
| 4 | 丙烷 | $C_3H_8$ | 2.0102 | 101.266 | 93.24 | 2.1 | 9.5 |
| 5 | 丙烯 | $C_3H_6$ | 1.9136 | 93.667 | 87.667 | 2.0 | 11.7 |
| 6 | 正丁烷 | $n\text{-}C_4H_{10}$ | 2.703 | 133.886 | 123.649 | 1.5 | 8.5 |
| 7 | 异丁烷 | $i\text{-}C_4H_{10}$ | 2.6912 | 133.048 | 122.853 | 1.8 | 8.5 |
| 8 | 丁烯 | $C_4H_8$ | 2.5968 | 125.847 | 117.695 | 1.6 | 10.0 |
| 9 | 氢 | $H_2$ | 0.0898 | 12.745 | 10.786 | 4.0 | 75.9 |
| 10 | 一氧化碳 | $CO$ | 1.2501 | 12.636 | 12.636 | 12.5 | 74.2 |
| 11 | 硫化氢 | $H_2S$ | 1.5392 | 25.364 | 23.383 | 4.3 | 45.5 |
| 12 | 二氧化碳 | $CO_2$ | 1.9768 | — | — | — | — |
| 13 | 氧 | $O_2$ | 1.4289 | — | — | — | — |
| 14 | 氮 | $N_2$ | 1.2507 | — | — | — | — |
| 15 | 二氧化硫 | $SO_2$ | 2.9275 | — | — | — | — |
| 16 | 空气 | — | 1.2931 | — | — | — | — |

表 3-4　北京某锅炉房某次化验的天然气组分

| 序号 | 中文名称 | 分子式 | 摩尔百分数 |
|---|---|---|---|
| 1 | 甲烷 | $CH_4$ | 93.3794 |
| 2 | 乙烷 | $C_2H_6$ | 3.6746 |
| 3 | 丙烷 | $C_3H_8$ | 0.6707 |
| 4 | 正丁烷 | $n\text{-}C_4H_{10}$ | 0.1169 |
| 5 | 异丁烷 | $i\text{-}C_4H_{10}$ | 0.1245 |
| 6 | 戊烷类 | $n\text{-}C_5H_{12}$ | 0.0484 |
| 7 | | $i\text{-}C_5H_{12}$ | 0.0296 |

续表 3-4

| 序号 | 中文名称 | 分子式 | 摩尔百分数 |
|------|----------|--------|------------|
| 8 | 己烷类 | $n\text{-}C_6H_{14}$ | 0.0842 |
| 9 | | $C_6^+$ | |
| 10 | 氮 | $N_2$ | 0.6503 |
| 11 | 二氧化碳 | $CO_2$ | 1.2214 |
| 12 | 合计 | | 100.0000 |

**3.1.6** 燃油供热厂点火用的液化石油气钢瓶或储罐,应存放在专用房间内。钢瓶或储罐总容积应小于 $1m^3$。

**【编制目的】**

本条规定了燃油供热厂内生产用液化石油气钢瓶或储罐的存放要求,目的是避免因钢瓶或储罐事故造成供热厂安全隐患。

**【术语定义】**

燃油供热厂:以燃油为供热能源的供热厂。

液化石油气钢瓶:在正常环境温度(−40℃~60℃)下使用的,公称压力为 2.1MPa,公称容积不大于 150L,可重复盛装液化石油气(应符合现行国家标准《液化石油气》GB 11174 的规定)的钢质焊接气瓶。

**【条文释义】**

供热厂锅炉点火用的液化石油气,当采用钢瓶或储罐存放时,因液化石油气属于易燃易爆气体,其存放房间属于甲类厂房,该房间应用非燃烧体与锅炉房其他房间隔开,单独使用。同时,为保障安全,对液化石油气的存储规模进行限制,钢瓶或储罐储存的总容积小于 $1m^3$,并应采用自然气化。

**【实施要点】**

液化石油气钢瓶或储罐间属于甲类厂房,应配备相应的监测、报警、泄爆、消防设施,执行过程中可通过现行国家标准《液化石油气供应工程设计规范》GB 51142 和《建筑设计防火规范》GB 50016 的规定支撑本条内容的实施。

**3.1.7** 燃油或燃气锅炉间、冷热电联供的燃烧设备间、燃气调压间、燃油泵房、煤粉制备间、碎煤机间等有爆炸危险的场所，应设置固定式可燃气体浓度或粉尘浓度报警装置。可燃气体报警浓度不应高于其爆炸极限下限的 20％，粉尘报警浓度不应高于其爆炸极限下限的 25％。

**【编制目的】**

本条规定了热源厂内有爆炸危险的场所应采取的安全技术措施，目的是避免可燃气体或粉尘积聚引起爆炸。

**【术语定义】**

锅炉间：安装锅炉本体的房间。

燃烧设备间：燃气冷热电联供系统中，安装燃气燃烧设备的房间。

煤粉制备间：将原料煤加工成煤粉的处理场所。

可燃气体浓度报警装置：接收典型可燃气体探测器及手动报警触发装置信号，能发出声、光报警信号，指示报警部位并予以保持的控制装置。也称可燃气体报警控制器。

爆炸极限下限：可燃气体、蒸气或薄雾在空气中形成爆炸性气体混合物的最低浓度。空气中可燃性气体或蒸气的浓度低于该浓度，则气体环境就不能形成爆炸。

**【条文释义】**

燃油或燃气锅炉间、冷热电联供的燃烧设备间、燃气调压间、燃油泵房、煤粉制备间、碎煤机间等房间存在可燃气体或粉尘积聚的可能，当积聚至其爆炸下限以上时，遇到明火会发生爆炸。设置可燃气体或粉尘浓度报警装置可实时监测环境中可燃气体或粉尘浓度，及时采取有效措施，避免事故发生。

**【实施要点】**

可燃气体浓度报警检测点应在可燃气体容易聚积的地点，布置时应根据可燃气体的理化性质（如甲烷气体比空气轻，易在厂房上部聚积；轻柴油的挥发蒸气比空气重，易在厂房下部聚积等）、厂房特性（如厂房梁的高度对探测器探测范围的影响等）、探测器的特点等因素合理确定。可燃气体报警器的选用，应根据探测器的技术性能、被测气体的理化性质、被测介质的组分种类、检测精度要求、探测器材质与现场环境的兼容性、生产环境特点等因素综合确定。

可燃气体报警浓度应采用两级报警，第一级报警浓度应低于被检测气体爆炸下限的 20%，第二级报警浓度应低于被检测气体爆炸下限的 50%，报警信号应送至有人值守的控制室。

可燃气体浓度报警装置可与事故风机及燃气快速切断阀联动，当检测出有可燃气体聚积时，自动启动事故风机将可燃气体排出室外，同时立即查找泄漏点。燃气快速切断阀根据可燃气体浓度报警信号自动切断（关闭）。

执行过程中，可通过现行国家标准《石油化工可燃气体和有毒气体检测报警设计标准》GB/T 50493、《城镇燃气设计规范》GB 50028 的规定支撑本条内容的实施。

【背景与案例】

常用可燃气体探测器有催化燃烧型、热传导型、点式红外气体型、半导体型、电化学型、光致电离型等，其主要技术性能见表 3-5。

表 3-5　常见可燃气体探测器主要技术性能

| 项目 | 催化燃烧型 | 热传导型 | 点式红外气体型 | 半导体型 | 电化学型 | 光致电离型 |
|---|---|---|---|---|---|---|
| 被测气体的含氧要求 | $O_2 > 10\%$ | 无 | 无 | 微量 $O_2$ | 微量 | 无 |
| 氧气测量范围 | | | $0 \sim 100\%$ | | $0 \sim 25\%$ $0 \sim 100\%$ | |
| 可燃气体测量范围 | $\leqslant LEL$ （注1） | $LEL \sim$ $100\%$ | $0 \sim 100\%$ | $\leqslant LEL$ | $\leqslant LEL$ | $< LEL$ |
| 不适用的被测气体 | 大分子有机物 | 无 | $H_2$ | $N_2$、$Cl_2$ | 烷烃 | $H_2$、$CO$、$HCN$、$SO_2$、$HCl$、$HF$、$HNO_3$、$CH_4$（注2） |

109

| 项目 | 催化燃烧型 | 热传导型 | 点式红外气体型 | 半导体型 | 电化学型 | 光致电离型 |
|---|---|---|---|---|---|---|
| 相对响应时间 | 与被测介质有关 | 中等 | 较短 | 与被测介质有关 | 中等 | 较短 |
| 检测干扰气体 | 无 | $CO_2$，氟利昂 | $H_2O$ | $SO_2$、$NO_x$、$H_2O$ | $SO_2$、$NO_x$ | （注3） |
| 使检测元件中毒的介质 | Si、Pb、卤素 $H_2S$，含硅化合物，含磷化合物，硫化物，铅化物（可选抗中毒型） | 无 | 无 | Si $SO_2$ 卤素 | $CO_2$ | 无 |
| 室外环境温度 便携式 | $-10℃\sim+40℃$ | | | | | |
| 室外环境温度 固定式 | $-25℃\sim+55℃$ | | | | | |
| 空气相对湿度 | $20\%RH\sim90\%RH$ | | | | | |
| 风速 | $<6m/s$ | | | | | |
| 机械振动 | $10\sim30Hz$，1.0mm 总位移 | | | | | |

注: 1 $LEL$ 的含义为爆炸下限（体积百分比）；
　　2 为离子化能级高于所有紫外灯的能级的被测物；
　　3 为离子化能级低于所有紫外灯的能级的被测物。

**3.1.8** 热源厂内设置在爆炸危险环境中的电气、仪表装置，应具备符合该区域环境安全使用要求的防爆性能。

**【编制目的】**

本条规定了热源厂内爆炸危险环境中设置的电气、仪表装置的性能要求，目的是保证热源厂内电气、仪表装置运行安全。

**【条文释义】**

爆炸危险环境分为爆炸性气体环境及爆炸性粉尘环境，不同环境产生爆炸危险的原因不同，同时根据爆炸性气体混合物或爆炸性粉尘出现的频繁程度和持续时间分为不同的危险等级。对应不同危险等级的爆炸危险环境，设置在该环境中的电气、仪表装置应选用符合环境条件的保护级别产品。

具体设计时，需要结合热源厂的实际情况进行爆炸危险区域范围的划分，然后根据危险环境等级选择合适的电气、仪表装置，从而达到保证安全的目的。

**【实施要点】**

设置在爆炸危险区域电气、仪表设备的选型、安装和线路的敷设等应符合现行国家标准《爆炸危险环境电力装置设计规范》GB 50058 和《建筑设计防火规范》GB 50016 的有关规定。

**3.1.9** 烟囱筒身应设置防雷设施，爬梯应设置安全防护围栏，并应根据航空管理的有关规定设置飞行障碍灯和标志。

**【编制目的】**

本条规定目的是保证烟囱运行和维护的安全，及保证航路上飞行器的飞行安全。

**【术语定义】**

烟囱：用于排放烟气或废气的高耸构筑物。

**【条文释义】**

烟囱为高耸构筑物，易受雷电袭击，为保证其运行安全应在筒身设置防雷设施。同时，便于维修和保障维修人员安全，在筒身上需设置爬梯和安全护栏。

根据《中华人民共和国民用航空法》的规定：在民用机场及其按照国家规定划定的净空保护区域以外，对可能影响飞行安全的高大建筑物或者设施，应当按照国家有关规定设置飞行障碍灯和标志，并使其保持正常状态。

**【编制依据】**

《中华人民共和国民用航空法》

**【实施要点】**

执行过程中，可通过现行国家标准《烟囱工程技术标准》

GB 50051 的规定支撑本条内容的实施，也可参考下列要点：

1）下列区域设置的可能影响航空器飞行安全的烟囱应设置飞行障碍灯和标志：在民用机场净空保护区域内修建的烟囱；在民用机场净空保护区域外，但在民用机场进近管制区域内修建高出地表 150m 的烟囱；在建有高架直升机停机坪的城市中，修建影响飞行安全的烟囱。

2）烟囱标志应采用橙色与白色相间或红色与白色相间的水平油漆带。

3）飞行障碍灯设置的位置要求：应显示出烟囱的最高点和最大边缘；高度小于或等于 45m 的烟囱，可只在烟囱顶部设置一层障碍灯；高度超过 45m 的烟囱应设置多层障碍灯，各层的间距不应大于 45m，并宜相等；烟囱顶部的障碍灯应设置在烟囱顶端以下 1.5～3m 范围内，高度超过 150m 的烟囱可设置在烟囱顶部 7.5m 范围内。

4）每层飞行障碍灯数量设置的要求：烟囱外径小于或等于 6m，每层应设 3 个障碍灯；外径超过 6m，但不大于 30m 时，每层应设 4 个障碍灯；外径超过 30m，每层应设 6 个障碍灯。

5）飞行障碍灯光源的选型要求：高度超过 150m 的烟囱顶层应采用高光强 A 型障碍灯，其间距应控制在 75m～105m 范围内，在高光强 A 型障碍灯分层之间应设置低、中光强障碍灯；高度低于 150m 的烟囱，也可采用高光强 A 型障碍灯，采用高光强 A 型障碍灯后，可不必再用色标漆标志烟囱。

6）飞行障碍灯设置的其他要求：所有障碍灯应同时闪光，高光强 A 型障碍灯应自动变光强，中光强 B 型障碍灯应自动启闭，所有障碍灯应能自动监控；设置障碍灯时，应避免使周围居民感到不适，从地面应只能看到散逸的光线；每层障碍灯应设置维护平台。

**3.1.10** 地热热源厂的自流井不得采用地下或半地下井泵房。当地热井水温大于 45℃时，地下或半地下井泵房应设置直通室外的安全通道。

【编制目的】

本条规定目的是保证供热安全生产，保障人身安全。

【术语定义】

地热井：抽取或回灌地热流体的管井。开采地热流体的井称之为"开采井"或称为"生产井"；将利用后的地热流体回灌到储热层的井称为"回灌井"。

【条文释义】

水温和水压较高的自流井，一旦阀门失灵泄漏，热水就会喷射涌出。采用地下或半地下的井泵房，热水无法排除，对人身安全存在重大隐患。

水温高于45℃的地热水涌出时，可能发生人身安全事故，因此对地下或半地下井泵房要求设置直通室外的逃生安全通道。

【实施要点】

本条针对以地热井提取地热流体为热源的城镇供热工程。自流井是指在有利的地形条件下，地下的承压水涌出地面形成自流的地热井，地热流体的温度、压力、水质与地热开采地的地质条件有关。

地热井泵房宜采用地上独立建筑，并与周边环境相协调，与周边建（构）筑物的间距符合要求，地热井泵房的消防、疏散应符合国家现行标准《建筑防火通用规范》GB 55037、《城镇地热供热工程技术规程》CJJ 138 的规定。

【背景与案例】

地热资源是指在当前地质环境和技术经济条件下能够被人类开发和利用的地球内部的地热能、地热流体及其有用组分。地热资源的热能一部分来源于地球深处的高温熔融体和放射性元素衰变所产生的热，另一部分来源于近地表吸收太阳辐射的低温热能。据估算，地热能的总量相当于地球内部埋藏的全部煤炭可释放热能的 1.4 亿倍。地热资源是矿产资源的一部分，同时地热资源中的地热水又具有水资源的属性，可以说地热资源是集热、矿、水于一体的可再生资源，也是一种有待大规模开发的清洁能源。

地热资源按照其埋藏深度，可分为浅层地热能（地下200m以上地壳中储存的地热能）、中深层地热能（地下200m至3000m的地热能）和深层地热能（地下3000m以下的地热能）。浅层和中深层地热的利用可提取地热流体进行换热或采用热泵技术提取，也可采用地埋管换热器与岩土体进行热交换的方式提取（对于浅层地热可称为"土壤源热泵系统"，对中深层地热可称为"无干扰井下供热技术"）。在地热能的利用中应注重环境保护，满足国家和地方相关环境和水资源保护政策；在工程建设前，应对工程场地及周边状况进行调查，对地热资源进行勘查。

## 3.2 锅炉和设备

**3.2.1** 锅炉受压部件安装前应进行检查，不得安装影响锅炉安全使用的受压部件。

**【编制目的】**

本条规定了锅炉安装前要对受压元件进行检查的要求以及缺陷处理原则，其目的是保证供热安全生产。

**【术语定义】**

受压部件：锅炉内部或外部承受工质压力作用的部件（元件）。

**【条文释义】**

锅炉是一种特殊的承压设备，其受压元件、部件的本质安全是根本和基础，受压元件或者部件出现承压问题事故一般都十分严重，因此做好受压部件（元件）的检查工作，确保有问题的部件（元件）不进入安装环节，是非常重要的安全措施。

供热系统使用的锅炉多数为组装锅炉，需要到施工现场进行安装，现场安装是锅炉制造过程的继续，做好安装阶段的质量管理是保证锅炉质量的重要一环，应按国家现行相关标准进行质量控制。我国锅炉制造在材料、生产、加工、检验、出厂等环节均实行了企业自检和法定机构监检全过程监管，但是产品在运输、储存、使用过程中难免出现磕碰、锈蚀、保管不当等情况，安装前进行检查不仅可以分清生产和安装环节的责任，而且也是把控锅炉质量的关键一环。

**【编制依据】**

《中华人民共和国特种设备安全法》

**【实施要点】**

对于常规锅炉，受压部件主要指组成水、汽系统的诸部件，如锅筒、集箱、水冷壁、过热器、再热器和省煤器等。

实际工程中，要根据标准适用情况，在安装前认真进行锅炉受压部件相关项目的开箱检查工作，发现不合格的元件、部件应及时报告建设单位，对能够修复的项目进行必要的修复，无法修复的应由生产厂家重新加工。安装过程中发现受压部件缺陷影响安全使用的也应停止安装并报告建设单位，同时研究解决的办法，防止继续施工造成更大的损失，确保锅炉安装工程质量。

一般来说，检查的内容包括外观（机械损伤、焊缝裂纹等缺陷）、尺寸、腐蚀、变形、孔径位置及大小偏差、材质情况、通球试验、金相结构等。

执行过程中，可通过现行国家标准《锅炉安装工程施工及验收标准》GB 50273、《水管锅炉 第 8 部分：安装与运行》GB/T 16507.8 和《锅壳锅炉 第 7 部分：安装》GB/T 16508.7的规定支撑本条内容的实施。

**【背景与案例】**

根据国家市场监督管理总局关于历年来全国特种设备安全状况的通告，2011 年至 2020 年，10 年间我国锅炉总台数由 62.03万台减少到 35.59 万台，减少了 42%；累计发生锅炉安全事故187 起，其中 2011 年发生 41 起，此后每年事故数基本上呈逐年减少态势，2020 年仅发生了 4 起锅炉安全事故，10 年间年事故总数减少了 90%，事故数占当年所有特种设备事故的比例由2011 年的 14.91% 减少到 2020 年的 3.74%。这些安全事故的主要特征是爆炸、泄漏、着火等；其主要原因约 70% 是由于操作不当、违章操作、无证操作等管理因素造成，剩余 30% 是由安全附件失效或设备缺陷造成，其中土锅炉等非法制作又占不少，正规锅炉厂受压元件失效的事故比较罕见。

以上统计数据表明，在现有法律法规和技术规范的框架下，目前我们国家的锅炉监管是比较有效的。

案例：

2017 年某日 13 时 45 分左右，某市一热电有限公司一台高温高压锅炉主蒸汽管道旁通蒸汽回收支管（该管段位于主蒸汽管道上三通与蒸汽回收支管一次阀之间，属于锅炉范围内管道，以下简称事故管段）发生爆裂事故，造成 6 人死亡、3 人重伤，死亡原因为高温合并冲击波伤，直接经济损失约 1889 万元。

调查组认定，该事故是一起锅炉工程安装质量引发的较大特种设备安全责任事故。

直接事故原因：事故管段材质不符合设计要求。按照设计要求，事故管段材质应为 12Cr1MoVG 合金钢，实际使用材质是相当于 20G 的碳素钢，由于其耐高温性能达不到设计要求，随着时间的延长，材质逐渐劣化、强度下降，事故管段发生严重塑性变形，应力水平显著增大，并在其管壁表面形成大量裂纹，最终导致事故管壁开裂，高温高压蒸汽冲破东控制室西墙，造成人员伤亡。

间接事故原因：项目建设管理混乱。项目建设单位、总承包单位、锅炉安装单位、无损检测单位在事故项目建设中，现场管理混乱，材料管理、质量管理失控，建设单位和总承包单位监督管理失效，错用事故管段材料，导致工程质量存在重大安全隐患。此外还存在未批先建等一系列管理问题。

**3.2.2** 锅炉水压试验时，试压系统应设置不少于 2 只经校验合格的压力表。额定工作压力不小于 2.5MPa 的锅炉，压力表的准确度等级不应低于 1.6 级；额定工作压力小于 2.5MPa 的锅炉，压力表的准确度等级不应低于 2.5 级。压力表量程应为试验压力的 1.5 倍～3 倍。

**【编制目的】**

本条规定了锅炉进行水压试验时压力表选取的有关要求，其目的是保证水压试验压力的准确性，避免因测点数量、仪表精度不够或者误读数造成误判，影响水压试验的安全或给锅炉带来损害。

**【术语定义】**

工作压力：运行工况下供热管道或设备承受的压力。

**【条文释义】**

压力试验是保障锅炉安全的重要手段，压力表的准确与否，直接关系到试验的正确性，也关系到试验的安全，因此使用前必须经有资质的校验机构校验合格。使用不少于两只压力表也是为了压力表的准确，当两只压力表的读数差异过大时，应对压力表重新进行校验。压力表给出了表盘量程应为试验压力的 1.5 倍～3 倍范围，操作时最好选用 2 倍。

**【编制依据】**

《中华人民共和国特种设备安全法》

**【实施要点】**

水压试验用压力表属于锅炉安全防护用途，应经过强制检定，压力表的强制检定应由法定计量检定机构或者获得授权的计量检定机构进行，压力表的检定有效期是 6 个月。根据《中华人民共和国计量法实施细则》第二十五条和第二十七条规定，内部使用的强制检定计量器具执行强制检定，经授权的企业内部计量检定机构的自我检定也是有效的。

试验压力表应保证压力试验的基准测点处至少有 2 块压力表，以便互相比对。整体压力试验以上锅筒或过热器出口集箱的压力表为准，零部件压力试验压力表安装位置要在零部件的顶部。

执行过程中，可通过国家现行标准《锅炉安装工程施工及验收标准》GB 50273、《一般压力表》GB/T 1226 和《锅炉安全技术监察规程》TSG 11 的规定支撑本条内容的实施。

**【背景与案例】**

案例：

某供热锅炉房设计 4×58MW 热水锅炉，一期安装 2 台。锅炉型号为 DZL58-1.6/130/70-AⅡ高温热水锅炉，一期工程锅炉主体完工后拟进行锅炉整体水压试验。

试压用压力表选择过程中，从锅炉型号看出该锅炉额定工作压力是 1.6MPa，所以压力表的精度选择为 2.5 级；试验压力为 2.0MPa，按照 1.5～3 倍试验压力仪表的可选量程上限是 3.0MPa～6.0MPa，对照现行国家标准《一般压力表》GB/T 1226 的量程规格序列，可选的量程范围是 0～4MPa 和 0～6MPa，优先选择量程 0～4MPa 的压力表，水压试验达到试验压力时，压力表计量数值为 50%，满足相关规范要求。

可以考虑选择量程 0～4MPa、精度 2.5 级的压力表 2 块，安装于锅炉顶部锅筒两端。试验前送质检部门校验合格备用，考虑观察方便，表盘直径可以选择 200mm。

**3.2.3** 蒸汽锅炉安全阀的整定压力应符合表 3.2.3 的规定。锅炉应有 1 个安全阀按整定压力最低值整定，锅炉配有过热器时，该安全阀应设置在过热器上。

表 3.2.3　蒸汽锅炉安全阀的整定压力

| 锅炉额定工作压力 P（MPa） | 安全阀的整定压力 | |
|---|---|---|
| | 最低值 | 最高值 |
| P≤0.8 | 工作压力加 0.03MPa | 工作压力加 0.05MPa |
| 0.8<P≤2.5 | 工作压力的 1.04 倍 | 工作压力的 1.06 倍 |

注：1　省煤器安全阀整定压力应为装设地点工作压力的 1.1 倍；

　　2　对于脉冲式安全阀，表中的工作压力指冲量接出地点的工作压力；其他类型的安全阀系指安全阀装设地点的工作压力。

**【编制目的】**

本条规定了蒸汽锅炉安全阀整定压力及其安装位置要求，其目的是确保锅炉安全运行和锅炉超压时能及时泄压。

**【术语定义】**

额定工作压力：在规定的给水压力和负荷范围内长期连续运行时应予保证的锅炉出口的工质压力，也就是锅炉铭牌上标注的额定工作压力或额定出口压力。

工作压力：运行工况下供热管道或设备承受的压力。

安全阀整定压力：安全阀在运行条件下开始开启的设定压力，是在阀门进口处测得的表压力，达到该压力时，在规定的运行条件下由介质压力产生的使阀门开启的力与使阀瓣保持在阀座上的力平衡。

**【条文释义】**

安全阀整定压力的较低压力值为锅炉超压的起跳压力，当整定压力低的安全阀起跳泄压仍不能阻止锅炉压力继续上升时，整定压力较高的安全阀起跳。过热器出口处的安全阀应按照较低压力值整定，以保证锅炉内蒸汽泄压时过热器出口处的安全阀先开启，使过热器有足够的蒸汽流过，冷却过热器，防止过热器过热而损坏。

本条数值引自现行特种设备安全技术规范《锅炉安全技术监察规程》TSG11，是在实践中经过检验的数据，既能有效保护锅炉设备，也能适应锅炉运行压力的波动，不至于安全阀频繁起跳。

**【编制依据】**

《中华人民共和国特种设备安全法》

**【实施要点】**

每台锅炉至少设置2个安全阀，根据泄放量要求一般可设置2个或3个安全阀。对于设置有过热器的锅炉，设置2个安全阀的，应分别按最低值和最高值整定，其中按最低值整定的安全阀应安装在过热器出口，按最高值整定的安全阀应安装于汽包上；当设置3个时，整定压力1个按照最低值整定，安装在过热器出口，另外2个按最高值整定，安装于汽包上；对于饱和蒸汽锅炉，应设置 2 个安全阀，并分别按最低值和最高值整定，2 个安全阀均安装于汽包上。

新投运的锅炉，计算安全阀整定压力时，工作压力可按额度工作压力确定，以便验证锅炉的质量进行工程验收；工程投运第二年进行安全阀整定时，其工作压力可以根据实际生产需要确定。

执行过程中，可通过国家现行标准《锅炉安装工程施工及验收标准》GB 50273 和《锅炉安全技术监察规程》TSG 11 的规定支撑本条内容的实施。

**【背景与案例】**

案例一：

1993 年某日 6 时 30 分，某市一电厂 6 号锅炉小修后，在点炉升压过程中汽包的 2 号安全阀动作，立即熄火停炉降压，锅炉检修人员检查发现安全门重锤掉落锅炉顶部平台上，且吊卡完好，随即装好重锤。锅炉检修人员认为安全阀是误动，就又加了一个 8kg 的小重锤。重新点火升压后，汽包 2 号安全阀再次动作，查看炉顶汽包就地压力表 3.7MPa，操作盘饱和蒸汽压力表指示 1.35MPa。此时锅炉运行人员怀疑操作盘压力表指示不准确，联系热工值班人员处理，处理后操作盘压力表显示上升到 3.0MPa。

后来决定停炉检查，对 6 号锅炉进行了全面外观检查并做了水压试验，未发现异常，于次日 18 时 20 分并炉恢复运行。事后通过估算，汽包 2 号安全阀第二次动作压力是汽包额度工作压力的 1.378 倍。

安全阀是保证锅炉不发生爆炸事故的最后防线，其整定压力不得随意改变，检修人员私自增加重锤重量等于改变整定压力，属于严重违规行为；其二发现压力表读数差别异常，应查找原因，更换经过校验的压力表，修理汽包压力表未经校验属于第二个违规行为。

案例二：

2018 年某日 16 时 20 分，某公司一台型号为 WNS12-1.25-

Y（Q）承压燃气锅炉发生爆炸，造成 3 人死亡，6 人受轻伤，直接经济损失 666.24 万元。

直接事故原因：事故锅炉安全阀阀座与锅筒法兰蒸汽通道被盲板隔断，锅炉压力联锁保护装置未调试合格，导致锅炉在超压时，未起到泄压、停止运行和报警等安全保护作用；且锅炉操作人员在锅炉运行期间脱岗，在锅炉发生超压时，未能及时采取有效措施停止锅炉运行和泄压，致使锅炉超压运行（锅炉爆炸前其用汽车间汽缸压力表显示为 1.5MPa，超过其额定工作压力 1.25MPa）、受压部件开裂，引发爆炸。

间接事故原因：事故的主要原因是锅炉违法安装和使用。一是锅炉安装未遵守有关的法规和技术规范，致使锅炉安装质量失控；二是锅炉操作人员无证作业；三是企业特种设备安全管理主体责任落实不到位。次要原因是政府和有关职能部门安全监管不到位。

锅炉燃烧控制系统确保锅炉运行安全，安全阀是减轻事故危害的最后一道关，本例中的责任人既不懂法也不懂技术，属于典型的违法蛮干。


**3.2.4** 热水锅炉应有 1 个安全阀按整定压力最低值整定，整定压力应符合下列规定：

**1** 最低值应为工作压力的 1.10 倍，且不应小于工作压力加 0.07MPa；

**2** 最高值应为工作压力的 1.12 倍，且不应小于工作压力加 0.10MPa。

**【编制目的】**

本条规定了热水锅炉安全阀的整定压力要求，其目的是确保锅炉安全运行和锅炉超压时能及时泄压。

**【术语定义】**

安全阀整定压力：安全阀在运行条件下开始开启的设定压力，是在阀门进口处测得的表压力，达到该压力时，在规定的运行条件下由介质压力产生的使阀门开启的力与使阀瓣保持在阀座上的力平衡。

工作压力：运行工况下供热管道或设备承受的压力。

【条文释义】

见本指南第 3.2.3 条。

【编制依据】

《中华人民共和国特种设备安全法》

【实施要点】

热水锅炉根据泄放量要求，一般每台锅炉设置 2 个安全阀，并分别按最低值和最高值整定，2 个安全阀均安装于锅炉顶部锅筒上。

执行过程中，可通过国家现行标准《锅炉安装工程施工及验收标准》GB 50273 和《锅炉安全技术监察规程》TSG 11 的规定支撑本条内容的实施。

【背景与案例】

案例：

某供热锅炉房设计规模 4×58MW 热水锅炉，一期安装 2 台。锅炉型号为 DZL58-1.6/130/70-A Ⅱ 高温热水锅炉，锅炉正常运行时，系统定压值为 0.35MPa，定压点位于循环水泵入口母管，循环水泵额定扬程为 120m，额定流量 830m³/h，锅炉顶部与系统定压点处的高差 16m，锅炉及进口管道阻力 0.10MPa，试说明锅炉安全阀的整定压力和设置。

首先要确定锅炉工作压力（$P$），按下列公式计算：

$$P = P_0 + \Delta P \tag{3-1}$$

$$\Delta P = P_1 + \frac{h_1 - h_2}{98} - R \tag{3-2}$$

式中：$P_0$——系统定压压力（MPa）；

$\Delta P$——锅炉顶部与定压点的压力差（MPa）；

$P_1$——水泵扬程（MPa）；

$h_1$——定压点高程（m）；

$h_2$——锅炉顶部高程（m）；

$R$——锅炉及进口管道阻力（MPa）。

通过计算得出，锅炉顶部安全阀安装处的工作压力等于1.31MPa。

安全阀整定压力的最小值 $P_{min}$ 按以下公式确定：

$$P_{min} = \text{Max}(1.10 \times P, P + 0.07)$$

计算得出安全阀整定压力的最小值为1.44MPa。

安全阀整定压力的最大值 $P_{max}$ 按以下公式确定：

$$P_{max} = \text{Max}(1.12 \times P, P + 0.10)$$

计算得出安全阀整定压力的最大值 $P_{max}$ 为1.47MPa。

每台锅炉设置安全阀2个，其中1个整定压力取1.44MPa，另1个整定压力取1.47MPa，安装于锅炉锅筒上。

**3.2.5** 锅炉安全阀应逐个进行严密性试验，安全阀的整定和校验每年不得少于1次，合格后应加锁或铅封。

**【编制目的】**

本条规定目的是保证设备性能合格，及时排除安全隐患。

**【术语定义】**

安全阀：当管道或设备内介质压力超过规定值时，启闭件（阀瓣）自动开启排放介质；低于规定值时，启闭件（阀瓣）自动关闭。对管道或设备起保护作用的阀门。

**【条文释义】**

锅炉安全阀是锅炉最重要的安全装置，直接关系到锅炉的安全运行，定期整定和校验方可保证其有效性，满足安全放散的压力要求。安全阀投入使用必须每年进行压力整定和严密性试验，以保证锅炉正常运行时安全阀处于闭合状态，当压力升高到整定压力时能够及时开启泄放，防止锅炉超压，并在压力回落到回座压力时自动关闭安全阀。安全阀的整定和严密性试验应由使用方主动送至法定检验机构进行，检定合格后应加锁或者铅封，防止因人为因素或者误操作改变整定压力。

**【编制依据】**

《中华人民共和国特种设备安全法》

**【实施要点】**

安全阀是锅炉、压力容器、压力管道的重要安全附件，根据《中华人民共和国特种设备安全法》的规定，应纳入全过程安全监督管理。安全阀使用单位应及时申报并接受检验，其校验由法定的检验机构在专用校验设备上进行。

执行过程中，可通过现行特种设备安全技术规范《安全阀安全技术监察规程》TSG ZF001 和安全阀相应技术标准的规定支撑本条内容的实施。执行要点如下：

——安全阀的校验周期：

1）安全阀应定期校验，一般每年至少一次，安全技术规范有相应规定的从其规定。

2）经解体、修理或更换部件的安全阀，应当重新进行校验。

——安全阀的校验项目和校验内容包括：

1）安全阀的校验项目包括整定压力和密封性能，有条件时可以校验回座压力。整定压力试验不得少于 3 次，每次都必须达到现行特种设备安全技术规范《安全阀安全技术监察规程》TSG ZF001 及其相应标准的合格要求。

2）安全阀的整定压力和严密试验压力，需要考虑到背压的影响和校验时的介质温度与设备运行的差异，并予以必要的修正。

3）检修后的安全阀，需要按照《安全阀安全技术监察规程》TSG ZF001 和产品合格证、铭牌、相应标准、使用条件，进行整定压力的试验。

——校验记录、铅封和报告：

1）安全阀的外部调整机构均应设有铅封部位；经校验合格的安全阀，在安装好有关附件后应当立即进行铅封，以防止调整后的状态发生任何改变。

2）安全阀校验应当及时记录校验数据，校验合格的安全阀应按要求予以铅封，并且要求签发和出具校验报告。

3）铅封处还应悬挂标牌，标牌上记录有校验机构名称及代号、校验编号、安装的设备编号、整定压力和下次校验日期等内容。

4）铅封应是必须被破坏才能进行调整的形式，拆卸、重装、调试后应当重新进行铅封。

【背景与案例】

供热行业热源厂使用的安全阀涉及的适用介质是蒸汽和热水（液体），一般设计采用弹簧载荷式安全阀，其严密性试验的合格标准按现行国家标准《弹簧直接载荷式安全阀》GB/T 12243 的规定执行。

蒸汽严密性试验方法：蒸汽用安全阀的严密性试验在进行严密性试验前应先证实整定压力。在降低进口压力后，用适当的方法（如用空气吹干等）完全排去体腔内可能存在的冷凝液。将进口压力升高到严密性试验压力并至少保持 3min。在黑色背景下目视检查阀门的严密性并至少持续 1min，无视觉或听觉可感知的泄漏则认为严密性合格。

液体严密性试验方法：液体用安全阀的严密性试验在进行严密性试验前应先证实整定压力。在降低进口压力后，向阀体出口侧体腔内充水，直到有水自然溢出至停止溢出为止，将进口压力升高到严密试验压力。在试验压力下收集、计量溢出的水量即泄漏量，并至少持续 1min。进行液体用安全阀严密试验时，金属密封面安全阀的泄漏率应不超过表 3-6 所列出的数值，非金属弹性材料密封面安全阀应无泄漏现象。

表 3-6　液体用安全阀严密性试验的泄漏率

| 公称直径 | 最大允许泄漏率（cm³/h） |
| --- | --- |
| ＜DN25 | 10 |
| ≥DN25 | 10×（DN/25） |

案例一：

1999 年某日，某市一电厂锅炉安全阀校验采用升压实跳方式，造成炉外管道爆破事故。3 号锅炉在安全门热态整定过程中，高温段省煤器出口联箱至汽包联络管直管段发生爆破，造成 5 人死亡，3 人严重烫伤。

直接事故原因：事故发生段钢管外壁侧存在纵向裂纹，致使钢管的有效壁厚仅为 1.7mm 左右，在 3 号锅炉安全门整定过程中，当主蒸汽压力达到 16.66MPa 时，钢管的实际工作应力达到材料的抗拉强度极限而发生爆破。

锅炉安全阀采用在线方式校验会带来一些不利影响，包括对锅炉本身超压和安全阀密封面的伤害，甚至爆炸，建议尽可能进行离线方式校验。供热用的锅炉多数为季节运行，具备离线校验的条件，每年应至少进行一次校验。

案例二：

2006 年某日 21 时许，某市一制革厂突发锅炉爆炸事故，爆炸产生的气浪导致部分厂房和厂区围墙外小店倒塌，造成店中 5 人死亡，4 人受伤。

直接事故原因：锅炉正常燃烧运行时，两只出汽阀出现误操作，一只被完全关闭，一只接近完全关闭，致使锅炉严重超压，而安全阀失效，未正常启跳。事故残骸经当地特种设备检测机构检测，锅炉安全阀的内部机构（阀瓣、阀座、回座调节机构、反冲盘）已经完全锈死，无法在使用时正常开启。

间接事故原因：企业业主安全意识淡薄、管理混乱，操作规程、规章制度残缺不全且形同虚设。

事故发生前，该市特种设备检测中心对该厂的锅炉进行检测，并出具了工业锅炉内部检验报告，要求该厂对已超期未校验的安全阀和压力表进行校验，但该企业却没有及时送检、校验。

安全阀是防止锅炉超压事故的最后一道防线，该企业管理混乱，缺乏完善的操作规程、规章制度，安全意识淡薄，在明确告知应进行安全阀校验的情况下不积极进行年度校验，在运行人员操作不当、2 只阀门基本关闭的情况下，安全阀没有起到真正的防护作用，导致事故扩大，教训深刻。

**3.2.6** 室内油箱应采用闭式油箱，并应符合下列规定：

**1** 油箱上应装设直通室外的通气管，通气管上应设置阻火器和防雨设施；

**2** 油箱上不应采用玻璃管式油位表。

**【编制目的】**

本条规定目的是避免油气挥发到室内、玻璃管破裂燃料油泄漏以及雨水倒灌污染油品、防止油气在室外排放口着火引燃油箱进而引发爆炸事故。

**【条文释义】**

锅炉房内的油箱采用闭式油箱，可避免箱内逸出的油气散发到室内。如果采用开式油箱会导致油气散发到室内，不但影响工人的身体健康，而且油气长期聚积在室内有可能形成可燃爆炸性气体，进而发生危险，因此规定应采取闭式油箱。

为适应闭式油箱的液位变化，必然要求在油箱上设置通气管，该通气管要引至室外，这是为了防止油气在室内聚积；通气管上设置阻火器是为了防止在室外发生着火时外部火焰通过管道蔓延至室内，造成更大事故，通气管的管口位置方向不应靠近有火星散发的部位；设置防雨措施是为了防止雨水从通气管口流入油箱，造成油品带水导致运行事故；玻璃管式油位表易碎会导致油气室内聚积，也不应采用。

**【编制依据】**

《中华人民共和国消防法》

**【实施要点】**

锅炉房的燃油品种一般是重油或者柴油，重油油箱的总容量不超过 5m³，柴油油箱的总容量不超过 1m³，它们与室外储油罐配合构成锅炉燃料油供应系统。

重油属于丙 a 类火灾危险等级，柴油在操作温度不大于 40℃时亦属于丙 a 类火灾危险等级，按照《建筑设计防火规范》GB 50016-2014（2018 年版）第 5.4.15 条的规定，设置在建筑内的锅炉，其储油间的油箱应设置直通室外的通气管，通气管上应设置带阻火器的呼吸阀；阻火器可以选择与呼吸阀、防雨帽组合在一起的形式。

实施要点如下：

闭式油箱通气管路（含管道、呼吸阀、阻火器）应具有足够的通气量，不小于满足油箱正常操作、环境温度变化、火灾等因素带来的最不利组合条件下的呼出量之和或吸入量之和。

通气管的规格应按确定的通气量和呼吸阀的通气曲线来选定。单储罐通气管的公称直径不应小于50mm。

通气管宜设置在油箱的顶部区域，排放口距离地面至少4.0m，通气管沿建筑外墙或立柱敷设时应高出外墙1.5m以上，且通气管口位置方向应避开有火星散发的部位。

呼吸阀、阻火器的选用：呼吸阀选型时应明确操作压力、开启压力、适用温度、通气量等关键指标的要求；呼吸阀、阻火器应提供产品简图及主要安装尺寸、流量—压降曲线等，阻火器还应注明阻火性能。呼吸阀的适用温度应与其安装地点的环境温度相匹配；呼吸阀、阻火器性能和质量必须可靠，并经检验合格。在实际工程中应根据介质特性、项目特点和产品性能参数科学合理选择呼吸阀、阻火器。

油箱上使用的油位表应避免使用易碎的玻璃管式油位表，防止燃油泄漏引起火灾。

执行过程中，可通过国家现行标准《建筑设计防火规范》GB 50016、《锅炉房设计标准》GB 50041、《石油库设计规范》GB 50074、《石油储罐呼吸阀》SY/T 0511.1、《石油储罐阻火器》GB 5908的规定支撑本条内容的实施。

**【背景与案例】**

案例一：

2000年某日晚，某市出现罕见的大雾及"树挂"天气，次日一班320号柴油罐有输出操作，凌晨4时，操作员听到此罐位置有较大响声，并未及时进行检查，当日二班储运厂二车间柴油一岗操作员巡检时发现5000m³的320号柴油罐已经被抽瘪。经上罐检查发现呼吸阀通气口的保护网被"冰絮"封死，造成罐体内部真空而破坏。

储罐呼吸阀的作用是控制罐内压力、减少油品挥发、避免储罐在超压或负压时发生破裂和凹瘪事故。对呼吸阀的防冻措施认识不足，既没有采取呼吸阀防冻措施，也没有在特殊天气发生时进行针对性检查，造成不可挽回的损失。密闭式储油箱不仅要正确安装呼吸阀，还要做好防冻措施、日常及特殊天气下的巡视检查工作。

案例二：

2011 年某日 13 时 15 分，某市一化工公司储运部 203 号油罐（容积 5000m³）发生火灾事故，事故发生后公司启动紧急预案，10min 后火被扑灭。本次事故共造成 7 人受伤，没有人员死亡。

事故原因是油罐在进油过程中，发生油气泄漏，油罐呼吸阀闪燃引发火灾事故。呼吸阀和阻火器是可燃液体储罐的重要安全设施，既是保证正常生产的需要，也是防止发生火灾事故的安全措施，应开展定期的维护检修，防止密封不严引发事故。

**3.2.7** 燃油、燃气和煤粉锅炉的烟道应在烟气容易集聚处设置泄爆装置。燃油、燃气锅炉不得与使用固体燃料的锅炉共用烟道和烟囱。

【编制目的】

本条规定目的是防止未燃尽介质发生爆炸，减少爆炸损害。

【术语定义】

泄爆装置：正常操作时泄压口封闭，而在爆炸时泄压口自动打开的装置，也称泄压装置。

【条文释义】

等量的同一爆炸介质在密闭的小空间内爆炸比在开敞的空间爆炸破坏力大很多，因此相对封闭的有爆炸危险的厂房或厂房内有爆炸危险的部位需要考虑设置必要的泄压设施。燃油、燃气和煤粉锅炉的未燃尽介质，往往会在烟道和烟囱中的局部聚积，遇到明火而产生爆炸，为使这类爆炸造成的损失降到最小，故要求在烟气容易聚积的地方设置泄爆装置。

采用固体燃料的锅炉，烟道系统中可能存在明火，当固体燃料锅炉和燃油、燃气锅炉共用烟囱或烟道时，非常容易引燃聚积在烟道或者烟囱中的燃油蒸气或者燃气，因此规定燃油、燃气锅炉不得与之共用烟囱或烟道，避免造成爆炸。

**【编制依据】**

《中华人民共和国消防法》

**【实施要点】**

同一锅炉房内同时使用燃油与固体燃料或者燃气与固体燃料时，燃油、燃气锅炉不得与使用固体燃料的设备共用烟道和烟囱。

燃油、燃气锅炉房宜每台锅炉单独设置烟道和烟囱。

锅炉烟道应考虑烟道布置、烟道阀门的布置、不同运行工况组合等因素，划分不同的泄爆段，每个泄爆段设置的泄爆面积满足各自的泄爆要求。

烟道泄压设施要考虑以下因素：

1）防爆门进行泄压宜采用轻质材料；

2）泄压面积的构配件材料要求容重轻且在爆炸时不产生尖锐碎片，便于泄压和减少对人的危害；

3）泄压设施的设置应避开人员密集场所和主要交通道路，并宜靠近有爆炸危险的部位，保证迅速泄压。当爆炸气体有可能危及操作人员的安全时，防爆装置上应装设泄压导管。

**【背景与案例】**

案例：

2004 年某日，某公司一台 KG-25/3.8-M 型流化床锅炉在压火后重新运行时，烟道内突然一声巨响发生爆炸，炉砖被炸飞散落于炉后部，周围浓烟四起，事故造成近 10 万元经济损失，未造成人员伤亡。

经调查，发生事故的锅炉是某锅炉公司试制的 25t/h 流化床锅炉，事故造成锅炉低位过热器炉墙整体倒塌，省煤器炉墙粉碎性破坏，其余炉墙也出现不同程度外张并产生裂纹，锅炉上锅筒产生少量位移。

分析认为，这是一起比较典型的由烟道内可燃物质引发的烟道爆炸事故。从事故破坏情况看，爆炸位置是在省煤器附近，由于锅炉投入时间不长，烟道内并未积存太多的未燃尽颗粒，造成爆炸的主要成分应该是煤气和挥发分。分析认为事故的主要原因是司炉人员操作不当，锅炉压火期间（压火时间接近 10h）和锅炉重新启动前通风不足，锅炉重新启动时烟道内已经积存了大量的挥发分和一氧化碳气体，生火过程中烟道内的可燃气体遇到明火发生爆燃，导致炉墙炸毁。

从设计角度看，防爆门设置不合理也是造成锅炉损坏严重的原因之一。该锅炉属于试制锅炉，仅设计了一个防爆门，从锅炉损坏情况看，设置防爆门的一侧炉墙被破坏程度明显轻于其他部分。事故造成该锅炉尾部受热面完全破坏，与该处未设置防爆门也有一定关系。

烟道爆炸也是锅炉安全的一个重要防范对象，尤其是燃油、燃气和煤粉锅炉，它们发生烟道爆炸的概率更高，事故危害更大，除了提高运行人员素质以外，设置泄爆装置可以在很大程度上减少事故伤害，保护人员和设备安全。

## 3.3 管道和附件

**3.3.1** 供热管道不得与输送易燃、易爆、易挥发及有毒、有害、有腐蚀性和惰性介质的管道敷设在同一管沟内。

【编制目的】

本条规定了厂区管道敷设的安全要求，目的是避免其他管道泄漏引发供热管道次生事故。供热管沟是地下密闭空间，要防止有害气体聚积引发燃烧、爆炸及中毒等人身事故。

【术语定义】

供热管道：输送供热介质的室外管道及其沿线的管路附件和附属构筑物的总称。

【条文释义】

供热管道禁止与本条所列介质管道共同敷设在同一管沟内，是为了避免非正常情况下上述介质或其挥发气体沿供热管沟扩散到其他建筑物，引发事故，危及人员安全；禁止与有腐蚀性介质的管道敷设在同一管沟内，也是为了避免腐蚀性介质对供热管道的腐蚀；不能与惰性介质管道敷设在同一管沟内，也是为了避免惰性气体造成检修人员窒息。

【实施要点】

热源厂内除供热管道外，还有其他油、气管道。当供热管道采用管沟敷设时，管沟内不得同时敷设易燃、易爆、易挥发及有毒、有害、有腐蚀性和惰性介质的管道，与上述管道平行或交叉敷设时也需要保持足够的安全距离，如局部交叉敷设时垂直距离较近，必须采取措施，防止气体泄漏扩散过程中渗入管沟。

执行过程中，可通过强制性工程建设规范《燃气工程项目规范》GB 55009 和现行国家标准《锅炉房设计标准》GB 50041、《城镇燃气设计规范》GB 50028、《工业金属管道设计规范》GB 50316 的规定支撑本条内容的实施。

**3.3.2** 热水供热系统循环水泵的进、出口母管之间，应设置带止回阀的旁通管。

【编制目的】

本条规定目的是防止水击事故发生。

【术语定义】

旁通管：与热用户、设备和（或）阀门的管路并联，装有关断阀的管段。

【条文释义】

水击现象会使热水供热系统发生重大安全事故。供热系统通常水容量较大，当遇到循环水泵突然停电导致动力突然消失的情况、管网干线阀门误关闭或者关闭过快等阻力突然增加的情况，会出现水击现象，严重威胁系统安全。在热水系统循环水泵的进、出口母管之间，设置带止回阀的旁通管，可有效起到防止水击等破坏事故发生的作用。

**【实施要点】**

循环泵吸入母管和压出母管之间设置旁通管，并且在旁通管上安装止回阀，以防止水击破坏事故。

中继泵站旁通管管径应与水泵母管管径相同，热源厂、隔压站、热力站等处旁通管管径可以取水泵母管管径的 2/3 左右。

**【背景与案例】**

旁通管的设置的背景与案例可参见本指南第 4.2.4 条的内容。

**3.3.3** 设备和管道上的安全阀应铅垂安装，其排汽（水）管的管径不应小于安全阀排出口的公称直径，排汽管底部应设置疏水管。排汽（水）管和疏水管应直通安全地点，且不得装设阀门。

**【编制目的】**

本条规定了安全阀的安装要求及其排放管路的设计要求，其目的是为保证设备和管道达到泄放压力时排放介质能够足量、安全地排放出去，保护设备和管道不发生超压事故、不对人身产生伤害、不影响周边设施设备的正常使用。

**【术语定义】**

安全阀：当管道或设备内介质压力超过规定值时，启闭件（阀瓣）自动开启排放介质；低于规定值时，启闭件（阀瓣）自动关闭。对管道或设备起保护作用的阀门。

排汽（水）管：安全阀出口到排放地点之间用以引导泄放介质（蒸汽或水）安全排放的管道及其附件的总称。

疏水管：泄放介质为蒸汽时，用以排放安全阀出口排汽管道低点凝结水的管道。

**【条文释义】**

"安全阀应铅垂安装"的要求，是为了避免安全阀在开启和归位过程中出现卡涩现象，保证安全阀开启时能够及时排除工作介质，降低锅炉或管道的工作压力，当压力降至安全范围内时安全阀能够准确关闭，减少经济损失。

安全阀是确保管道和设备不受损坏的装置，安全阀本体保持完好的性能和排放管路的正常工作是其发挥作用必不可少的条件，管路堵塞或排放量达不到设计要求，必然起不到安全的作用，应保持排汽（水）通畅。规定排汽（水）管的管径不应小于安全阀排出口的公称直径，是为了保证排汽（水）管道的通过能力，使得安全阀排放通畅；蒸汽安全阀的排汽管在安全阀启动时将产生凝结水，如不能及时从排汽管道排出会导致排汽不畅，影响泄压速度，而且凝结水会导致水击发生，因此排汽管道应设置疏水管道；此外，有结冰风险的地区对于安全阀排放管还要采取措施，防止冬季管路结冰和存水，造成排放不畅。

安全阀的启跳属于偶发事件，往往事发突然，其排汽（水）及排汽管的疏水管排放的介质又是高温蒸汽或热水，应排放到安全地点，避免发生诸如人员烫伤等安全事故，安全地点依项目具体情况确定。同时排汽（水）及排汽管的疏水管应"直通"安全地点，减少排放环节和排放阻力，确保排放顺畅，做到及时泄压，有效保护设备和管道。

规定安全阀排汽（水）管道和疏水管上不得设置阀门，是为了避免实际运行中的误操作，同时排放管路上也没有设置阀门的必要。

**【编制依据】**

《中华人民共和国特种设备安全法》

**【实施要点】**

安全阀要真正起到保护设备和管道的作用，除了要定期校验和维护检修保证安全阀本体的性能外，安全阀的安装、与之配套的排放管道的设计和安装都是安全阀能否发挥作用的重要条件。

实施过程中应注意以下几点：

1）安全阀排放地点的选择要避开对人身安全和周边设施设备有影响的区域，选择便于排水的地点，且离安全阀的距离尽可能短直、便于排放管道布置。排放地点可能有人靠近时应设置护栏和警示标志。

2) 排放管路应根据是否存在相变、介质比容变化的具体情况，按照国家现行标准《火力发电厂汽水管道设计规范》DL/T 5054 和《锅炉房设计标准》GB 50041 的要求进行设计，排汽（水）管的直径要保证排放能力不小于安全阀的要求排放量。

3) 安全阀排汽（水）管道的自重和推力应由支吊架承受，不应作用在安全阀上。

4) 排放管道支吊架能承受汽水冲击带来的力和弯矩，对于两相流动或者安全阀排汽（水）引起冲击的管道，在满足补偿条件下可适当装设固定支架。

5) 排汽（水）管道及排汽管上装设的疏水管均不应当装设阀门，且应设置坡度，保证管道不运行时可以排尽积水，避免管道腐蚀。

6) 两个独立的蒸汽安全阀排汽管不应当连通；排汽管尾端装有消声器时，消声器要有足够的流通面积和可靠的疏水装置。

7) 有冻结危险的地区，热水安全阀后的排水管应采取防冻措施。

执行过程中，可通过国家现行标准《锅炉安全监察技术规程》TSG 11、《火力发电厂汽水管道设计规范》DL/T 5054、《锅炉房设计标准》GB 50041、《锅炉安装工程施工及验收规范》GB 50273 的规定支撑本条内容的实施。

**3.3.4** 容积式供油泵未自带安全阀时，应在其出口管道阀门前靠近油泵处设置安全阀。

【编制目的】

本条规定目的是防止油系统超压。

【术语定义】

安全阀：当管道或设备内介质压力超过规定值时，启闭件（阀瓣）自动开启排放介质；低于规定值时，启闭件（阀瓣）自动关闭。对管道或设备起保护作用的阀门。

**【条文释义】**

常用容积式供油泵和螺杆泵，根据油泵的结构特点，其出口应有安全泄压装置。由于各油泵厂生产的油泵产品结构不一致，有些油泵本体上带有超压安全阀，但也有部分本体上不带安全阀，为避免油泵因出口阀门关闭而导致超压损坏，应在泵体和出口管道上的第一个阀门之前的管道上另行装设安全阀。

**【编制依据】**

《中华人民共和国安全生产法》

**【实施要点】**

当在工程中选择容积式供油泵（简称容积泵），容积泵本体未自带安全阀时，应在其出口管道第一个阀门前靠近油泵处设置安全阀。

**【背景与案例】**

容积泵是依靠工作室容积周期性变化而实现输送流体的泵，其分类见图 3-4。

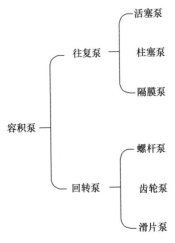

图 3-4　容积泵分类

容积泵的特点：

1）平均流量恒定。泵的流量只取决于工作室容积的变化值及其频率，理论上与排出压力无关，且与输送液体的温度、黏度等物理化学性质无关，当泵的转速一定时，泵的流量是恒定的。

2）泵的压力取决于管路特性。如果输送的流体是不可压缩的，在理论上可以认为容积泵的排出压力将不受限制，即可根据泵装置的管路特性（阻力），建立任何泵所需的排出压力。

3）对输送的液体有较强的适应性。

4）具有良好的自吸性能。

鉴于容积泵的特点——泵的压力取决于管路特性，与流量无关，采用泵出口阀门开度调节流量是不允许的。当容积泵出口管路堵塞或出口阀门关闭，容积泵的排出压力仍会上升，造成设备或管路超压，严重的会造成安全事故。在容积泵出口装设安全阀，当泵出口压力（管路阻力）达到一定数值时，安全阀起跳，液体通过安全阀排出，可避免管路和设备超压。

**3.3.5** 燃油系统附件不得采用可能被燃油腐蚀或溶解的材料。

【编制目的】

本条规定的目的是要防止燃油因管道破损而泄漏。

【条文释义】

燃油系统附件指管道、阀门、法兰、垫片、阻火器、呼吸阀、流量计、液位计、温度计、压力表等。

【实施要点】

在供热工程的输油管道可采用碳钢材质，在计算管道壁厚时应计入腐蚀裕量，腐蚀裕量根据管道设计使用寿命和燃油对金属的腐蚀速率确定。

垫片等密封元件应根据公称压力和介质温度、介质特性确定。如：公称压力为 1.6MPa 的平焊法兰（平面），介质温度在 200℃ 及以下，输送油品管道法兰的垫片可选择石棉橡胶板垫片，其材料为耐油石棉橡胶板；公称压力为 1.6MPa 的对焊法兰（平面），介质温度在 201℃～250℃，输送油品管道法兰的垫片可选择缠绕式垫片，其材料为 1Cr18Ni9Ti＋石墨带。具体可查阅机械设计手册或现行国家和化工行业有关垫片等密封元件的标准。

**【背景与案例】**

供热工程中作为燃料使用的油品主要有柴油、重油、渣油等，这些油品主要来源于石油。石油是复杂的混合物，其主要元素为碳、氢、氧、氮、硫五种元素，其中碳含量为 $83\%\sim87\%$，氢含量约为 $11\%\sim14\%$，氧、氮、硫三种元素约占 $1\%\sim4\%$，石油中还含有微量的铁、镍、铜、钒、砷、氯、磷、硅等。上述元素以有机化合物的形式存在于石油中，可分为两大类，一类为由碳、氢元素组成的烃类化合物，另一类为含有硫、氮、氧等元素的非烃类化合物。

非烃类化合物在石油中的含量不高，但对石油加工、油品储存和使用性能影响很大，石油中的非烃类化合物主要包括含硫化合物、含氧化合物、含氮化合物以及胶状、沥青状物质。

含硫化合物：硫在石油中少量以元素硫和 $H_2S$ 形式存在，大多数以有机硫化物状态出现，根据对金属的腐蚀性不同，可将石油中的硫化物分为三类：

1）常温下与金属作用，具有腐蚀性的酸性硫化物，又称为活性硫，主要是元素硫、硫化氢和低分子硫醇；

2）常温下呈中性，不腐蚀金属，受热后能分解产生具有腐蚀性物质的硫化物，主要有硫醚和二硫化合物；

3）对金属没有腐蚀性，热稳定性好的噻吩及其同系物。

含氧化合物：石油中的含氧化合物分为中性氧化物和酸性氧化物，中性氧化物有醛、酮类，它们在石油中含量极少，酸性氧化物有环烷酸、脂肪酸和酚类，总称石油酸。环烷酸的化学性质与羧酸相似，呈弱酸性，对金属有腐蚀作用，其酸性随分子量的增大而逐渐减弱；石油中的酚类含量较低，主要为苯酚的同系物，具有弱酸性。

含氮化合物：石油中的氮化物大多数是氮原子在环状结构中的杂环化合物，可分为碱性和非碱性两类。碱性氮化物主要有吡啶、喹啉等的同系物，能与有机酸作用生成盐类；非碱性氮化物主要有吡咯、吲哚和咔唑及其同系物，具有弱酸性。

胶状和沥青状物质：胶状和沥青状物质是石油中含元素种类最多、结构最复杂、分子量最大的物质，它们的成分并不十分明确，性质也有差别，是多种化合物的综合体。

反映油品腐蚀性的主要指标有含硫量、酸度、铜片腐蚀等，《车用柴油》GB 19147－2016 中规定：车用柴油的硫含量不大于 50mg/kg，酸度（以 KOH 计）不大于 7mg/100mL，铜片腐蚀（50℃，3h）不大于 1 级。《B5 柴油》GB 25199－2017 中规定：B5 普通柴油的硫含量不大于 10mg/kg，酸度（以 KOH 计）不大于 0.09mg/g，铜片腐蚀（50℃，3h）不大于 1 级。柴油的质量标准中还明确了每个质量指标的试验方法。


**3.3.6** 当燃气冷热电联供为独立站房，且室内燃气管道设计压力大于 0.8MPa 时；或为非独立站房室内燃气管道设计压力大于 0.4MPa 时，燃气管道及其管路附件的材质和连接应符合下列规定：

**1** 燃气管道应采用无缝钢管和无缝钢制管件；

**2** 燃气管道应采用焊接连接，管道与设备、阀门的连接应采用法兰连接或焊接连接；

**3** 焊接接头应进行 100％射线检测和超声检测。

【编制目的】

本条规定了燃气冷热电联供工程需要较高燃气压力时的技术措施，目的是防止燃气管道及其附件超压泄漏，保证安全生产。

【术语定义】

站房：设置供热或冷热电联供系统设备及相关附属设施的区域或场所。

【条文释义】

《城镇燃气设计规范》GB 50028－2006（2020 年版）第 10 章对城镇居民、商业和工业企业用户内部的燃气系统设计进行了详细规定，燃气冷热电联供工程燃气系统设计时可执行该规范。该规范第10.2.1条规定，工业用户适用范围为独立、单层建筑室内燃气管道最高压力0.8MPa，其他建筑室内燃气管道最高压力0.4MPa，并注明室内燃气管道压力大于0.8MPa的特殊用户设计应按有关专业规范执行。燃气冷热电联供系统使用的原动机种类很多，如采用燃气轮机，需要燃气有较高的供气压力，属于上述规定的特殊用户。本条针对超过《城镇燃气设计规范》GB 50028-2006（2020年版）供气压力的燃气供应系统规定了较高的要求。燃气冷热电联供工程一般由专业人员管理，采取必要的技术措施后，安全是有保障的。

【实施要点】

燃气冷热电联供工程中，独立设置的站房，当室内燃气管道最高压力小于或等于0.8MPa时，以及建筑物内的站房，当室内燃气管道最高压力小于或等于0.4MPa时，燃气供应系统应符合国家现行标准《城镇燃气设计规范》GB 50028、《城镇燃气室内工程施工与质量验收规范》CJJ 94的有关规定。本条规定是燃气管道压力高于《城镇燃气设计规范》GB 50028规定时，除执行上述规范外，需要采取的附加安全措施。

《城镇燃气设计规范》GB 50028-2006（2020年版）第10.2.4条规定，室内燃气管道选用钢管时，压力大于0.01MPa且小于或等于1.6MPa的燃气管道宜选用无缝钢管，燃气管道的压力小于或等于0.4MPa时，可选用焊接钢管。本规范规定，压力超出《城镇燃气设计规范》GB 50028-2006（2020年版）适用范围的燃气管道，采用无缝钢管和无缝钢制管件。

《城镇燃气室内工程施工与质量验收规范》CJJ 94-2009第4.3.7条规定，钢质管道明设或暗封敷设时，焊缝外观质量应100%检查，焊缝内部质量的检查比例不少于5%且不少于1个连接部位；当管道暗埋敷设时，焊缝外观和内部质量应100%检查。本规范规定，压力超出《城镇燃气设计规范》GB 50028-2006（2020年版）适用范围的燃气管道，焊接接头应进行100%

射线检测和超声检测。

执行过程中，可通过强制性工程建设规范《燃气工程项目规范》GB 55009和国家现行标准《燃气冷热电联供工程技术规范》GB 51131、《城镇燃气设计规范》GB 50028、《城镇燃气室内工程施工与质量验收规范》CJJ 94的规定支撑本条内容的实施。

**【背景与案例】**

燃气冷热电联供系统是布置在用户附近，以燃气为一次能源进行发电，并利用发电余热制冷、供热，同时向用户输出电能、热（冷）的分布式能源供应系统，由动力发电系统、余热利用系统组成。发电设备可采用小型燃气轮机、燃气内燃机、微燃机等，其中燃气轮机需要的燃气压力较高。根据《燃气冷热电联供工程技术规范》GB 51131-2016规定的发电机组容量范围，独立设置的站房发电机单机容量小于或等于25MW，燃气最高压力2.5MPa基本上能满足用气要求。建筑物内的站房，考虑到机组的荷载和振动、噪声不要对建筑物产生重大影响，以及控制燃气压力不致过高，发电机单机容量不大于7MW，燃气最高压力1.6MPa可以满足要求。

**3.3.7** 热源厂的燃气、蒸汽管道与附件不得使用铸铁材质，燃气阀门应具有耐火性能。

**【编制目的】**

本条规定了燃气管道和蒸汽管道材料选用的限制措施，目的是保证供热安全生产。

**【条文释义】**

供热厂站设备、管道数量多，其布置较为密集、复杂，无论是燃气管道或蒸汽管道采用铸铁材料，都会造成机械接口过多，大大增加潜在的泄漏点。另外，采用铸铁管道，所需支吊架多，对于蒸汽管道，不利于管道保温。燃气和供热管道优先选用焊接连接是《压力管道规范　工业管道　第3部分：设计和计算》GB/T 20801.3-2020的基本原则。

铸铁相对于钢制属于脆性材料,韧性差、抗拉强度低,在拉应力作用下很快由弹性形变阶段转变到断裂。蒸汽管道运行中流量及压力出现波动,在负荷较低时会产生较多的凝结水,进而导致管道发生水击现象,铸铁材料强度弱且脆性较大,极易破裂,危及安全运行。燃气属于易燃易爆介质,蒸汽管道温度高,一旦发生破裂泄漏危险性极高,抢修困难,造成的停热面积大,势必产生较大舆情。

**【编制依据】**

**《关于特种设备行政许可有关事项的公告》**

**(国家市场监督管理总局公告 2021 年第 41 号)**

**【背景与案例】**

工业管道(GC 类)分为 GC1、GC2 及 GCD 三个级别。

1)GC1 级包括下列管道:

(1)输送《危险化学品目录》中规定的毒性程度为急性毒性类别 1 介质、急性毒性类别 2 气体介质和工作温度高于其标准沸点的急性毒性类别 2 液体介质的工艺管道;

(2)输送现行国家标准《石油化工企业设计防火规范》GB 50160、《建筑设计防火规范》GB50016 中规定的火灾危险性为甲、乙类可燃气体或者甲类可燃液体(包括液化烃),并且设计压力≥4.0MPa 的工艺管道;

(3)输送流体介质,并且设计压力≥10.0MPa,或者设计压力≥4.0MPa 且设计温度≥400℃的工艺管道。

2)GC2 级包括下列管道:

(1)GC1 级以外的工艺管道;

(2)制冷管道。

3)GCD 级为动力管道,包括火力发电厂用于输送蒸汽、汽水两相介质的管道。

因此,燃气厂站管道为 GC1 级,供热厂站蒸汽管道为 GC2 级。

对于 GC1 级管道,特种设备安全技术规范《压力管道安全

技术监察规程 工业管道》TSG D0001-2009 规定：铸铁管道组成件的使用除符合本规程第二十五条的规定外，还应当符合以下要求：

1）铸铁（灰铸铁、可锻铸铁、球墨铸铁）不得应用于 GC1 级管道，灰铸铁和可锻铸铁不得应用于剧烈循环工况。

2）球墨铸铁的使用温度高于－20℃，并且低于或者等于 350℃。

对于 GC2 级管道，特种设备安全技术规范《压力管道安全技术监察规程 工业管道》TSG D0001-2009 规定如下：

1）球墨铸铁用于管道组成件时，延伸率不应低于 15%，使用温度不低于－20℃且不高于 350℃；不得用于剧烈循环工况。球墨铸铁管、管件、附件的制造、制作、安装过程中不得焊接。

2）灰铸铁管道组成件的使用温度不应低于－10℃且不高于 230℃，压力额定值不大于 2.0MPa；不得用于 GC1 级管道或剧烈循环工况；用于 GC2 级管道时，使用温度不应高于 150℃，最高允许工作压力不大于 1.0MPa；制造、制作、安装过程中不得焊接。

3）可锻铸铁管道组成件的使用温度不应低于－20℃且不高于 300℃，压力额定值不大于 2.0MPa；不得用于 GC1 级管道或剧烈循环工况；用于 GC2 级管道时，其使用温度不高于 150℃，最高允许工作压力不应大于 1.0MPa；制造、制作、安装过程中不得焊接。

《压力管道规范 工业管道 第 3 部分：设计和计算》GB/T 20801.3-2020 第 5.2 节规定：管道组成件的连接形式宜优先选用焊接接头。

**3.3.8** 燃气管道不应穿过易燃或易爆品仓库、值班室、配变电室、电缆沟（井）、通风沟、风道、烟道和具有腐蚀性环境的场所。

**【编制目的】**

本条规定是管道布置的要求，目的是防止燃气管道泄漏引起的爆炸燃烧风险，同时保证用气安全和操作方便。

**【条文释义】**

燃气一旦发生泄漏，进入易燃易爆品仓库极易引发爆炸或火灾，并且会产生更大的次生灾害；值班室经常有人工作，一旦发生事故容易造成人身伤亡事故；变配电室、电缆沟、烟道极易产生火花，烟风道容易导致燃气扩散，极易引发爆炸或者火灾；腐蚀性环境场所会增加燃气管道损坏的风险，故作此规定。实施过程中，燃气管道的敷设方案应经过专业技术人员设计和审查，工程竣工应由消防部门检查验收。

**【实施要点】**

热源厂燃气管道尽量从室外直接进入锅炉间或燃烧设备间，不应穿过易燃或易爆品仓库、值班室、配变电室、电缆沟（井）、通风沟、风道、烟道和具有腐蚀性环境的场所，需要穿过其他房间时也要采取防火、防爆、通风等安全措施。

执行过程中，可通过强制性工程建设规范《燃气工程项目规范》GB 55009 和国家现行标准《锅炉房设计标准》GB 50041、《城镇燃气设计规范》GB 50028、《城镇燃气室内工程施工与质量验收规范》CJJ 94 的规定支撑本条内容的实施。

**3.3.9** 燃用液化石油气的锅炉间、燃烧设备间和有液化石油气管道的房间，室内地面不得设置连通室外的管沟（井）或地下通道等设施。

**【编制目的】**

本条规定了使用液化石油气的安全要求，目的是防止重于空气的液化石油气在低洼处聚积产生爆炸。

**【术语定义】**

锅炉间：安装锅炉本体的房间。

燃烧设备间：燃气冷热电联供系统中，安装燃气燃烧设备的房间。

**【条文释义】**

由于液化石油气密度约是空气密度的 1.7 倍，为防止可能泄漏的气体随地面流入室外地道、管沟（井）等设施聚积而发生危险作本条规定。

**【实施要点】**

热源厂采用液化石油气为燃料时，锅炉间、燃烧设备间应地上布置，不得布置在地下或半地下。地上布置的锅炉间、燃烧设备间和有液化石油气管道的房间，室内布置要防止液化石油气泄漏在地面及地下空间聚积，地面不得设置连通室外的管沟、井室或地下通道等设施。

执行过程中，可通过强制性工程建设规范《燃气工程项目规范》GB 55009 和现行国家标准《锅炉房设计标准》GB 50041 的规定支撑本条内容的实施。

# 4 供 热 管 网

本章共两节二十六条，主要规定了供热管道、热力站和中继泵站等方面的规定。从供热管网方面，对实现供热工程的基本功能、发挥供热工程的基本性能提出了具体技术要求。

## 4.1 供 热 管 道

**4.1.1** 热水供热管道的设计工作年限不应小于 30 年，蒸汽供热管道的设计工作年限不应小于 25 年。

【编制目的】

本条规定了热水供热管道和蒸汽供热管道的设计工作年限。

【术语定义】

设计工作年限：设计规定的管道、结构或构件不需进行大修即可按预定目的使用的时间。

【条文释义】

蒸汽管道温度波动频繁，疲劳风险大，停运时管道内腐蚀加剧，此外由于温度较高，在正常使用和定期维护保养的情况下，供热管道附属材料（如保温材料、外护防腐材料等）的老化速度较快，通常的使用寿命要短于热水供热管道。随着近年来蒸汽管道建设水平的提高，做到寿命不小于 25 年是可以实现的。

热水管道与蒸汽管道相比较，输送介质水的热容量较大，水温波动小，停运时可以补水保持系统内充满水以减缓内腐蚀速度。同时由于温度较低，在正常使用和定期维护保养的情况下，供热管道附属材料的老化速度相对较慢。

本条规定设计工作年限的管道是指管道的主体结构，不包括阀门、补偿器、仪表、支架、保温等易损附件。供热管道工作管寿命的主要影响因素是疲劳破坏和腐蚀。

**【实施要点】**

供热管道钢管可采用无缝钢管、直缝钢管或螺旋缝钢管。钢管应符合现行国家标准《流体输送用无缝钢管》GB/T 8163、《低压流体输送用焊接钢管》GB/T 3091、《石油天然气工业 管线输送系统用钢管》GB/T 9711 的相关规定。当钢管材质采用 Q235B 时，管道设计温度不应大于 300℃；当钢管材质采用 L290、L360 时，管道设计温度不应大于 200℃。直埋敷设热水管道应选用工作管、保温层及外护管三位一体的预制保温管道，保温管应符合现行国家标准《高密度聚乙烯外护管硬质聚氨酯泡沫塑料预制直埋保温管及管件》GB/T 29047 的相关规定；直埋敷设蒸汽管道应选用钢外护预制保温管道，保温管应符合国家现行标准《城镇供热预制直埋蒸汽保温管及管路附件》CJ/T 246 和《城镇供热 钢外护管真空复合保温预制直埋管及管件》GB/T 38105 的相关规定。

执行过程中，可通过国家现行标准《城镇供热管网设计标准》CJJ/T 34、《城镇供热管网工程施工及验收规范》CJJ 28、《城镇供热直埋热水管道技术规程》CJJ/T 81、《城镇供热直埋蒸汽管道技术规程》CJJ/T 104、《城镇供热系统运行维护技术规程》CJJ 88 和《压力管道规范 公用管道》GB/T 38942 的规定支撑本条内容的实施。

**【背景与案例】**

设计工作年限是管道设计计算及材料选型的依据，只有在产品制造、工程施工、检验试验、项目验收、运行管理等环节均达到相关标准的要求，管道的实际寿命才能达到设计工作年限。

钢制工作管与工作年限有关的破坏形式主要是管件的疲劳破坏和管道的腐蚀破坏。在设计时要根据供热系统的运行规律，估算工作年限内管道升温、降温次数，校核管件的疲劳寿命，并考虑足够的安全裕量。一般热水管道、蒸汽管道按照正常运行保养条件，工作管内外壁均无明显的腐蚀环境，设计计算时不考虑腐蚀裕量。如果管道实际运行时超出设计预定的参数范围及使用条件，工作管的工作年限可能会减少。

塑料工作管设计时需要考虑管材老化引起的强度降低，根据供热系统的运行温度及时间估算使用年限末期的强度指标，以此确定工作管壁厚。管道运行超温会明显降低实际工作年限。

直埋管道的保温结构也是影响管道工作年限的主要部件，保温失效不但浪费能源，还会造成工作管腐蚀。当保温材料采用有机材料时，需要有材料老化试验的可靠数据。

其他管路附件、材料、结构、构件等需要参考管道设计工作年限和维修条件选型计算。

**4.1.2** 供热管道的管位应结合地形、道路条件和城市管线布局的要求综合确定。直埋供热管道应根据敷设方式、管道直径、路面荷载等条件确定覆土深度。直埋供热管道覆土深度车行道下不应小于 0.8m；人行道及田地下不应小于 0.7m。

**【编制目的】**

本条规定了供热管道敷设的基本原则和直埋供热管道的覆土深度要求，目的是保证供热管道的运行安全。

**【术语定义】**

供热管道：输送供热介质的室外管道及其沿线的管路附件和附属构筑物的总称。

覆土深度：管沟敷设时管沟盖板顶部或直埋敷设时保温结构顶部至地表的距离。

**【条文释义】**

供热管道主要敷设方式有地上敷设和地下敷设，地下敷设包括直埋敷设、管沟敷设、隧道敷设等形式。供热管道地下敷设时，覆土深度需要考虑路面结构、车辆荷载、土壤压力等因素。管沟敷设管道主要由围护结构承受外部荷载作用。直埋敷设管道埋设过浅时，车辆荷载可能造成管道疲劳破坏，另外供热管道热膨胀时也需要一定覆土厚度防止管道失稳破坏。在满足本条规定的前提下，还需要按照现行行业标准《城镇供热直埋热水管道技术规程》CJJ/T 81、《城镇供热直埋蒸汽管道技术规程》CJJ/T 104 等标准进行校核，当现场条件不能满足覆土深度要求时，直埋管道需要增加防护措施。

**【实施要点】**

结合本规范第 2.1.2 条的规定，供热工程的布局应与城乡功能结构相协调，满足城乡建设和供热行业发展的需要，确保公共安全，按安全可靠供热和降低能耗的原则布置。供热管网的布置，要在城乡规划的指导下，根据热负荷分布、热源位置、其他管线及构筑物、园林绿地、水文、地质条件等因素，经技术经济比较确定。

供热管网沿城镇主要道路布置时，应尽量避开主要交通干道和繁华的街道，以减少施工难度和维修的不便，并可节省投资。供热管道敷设位置的选择原则包括：①供热管道应敷设在易于检修和维护的位置；②城镇道路上的供热管道应平行于道路中心线，并宜敷设在车行道以外，同一条管线应只沿街道的一侧敷设；③通过非建筑区的供热管道宜沿道路敷设；④供热管道宜避开土质松软地区、地震断裂带、矿山采空区、山洪易发地、滑坡危险地带以及高地下水位区等不利地段；⑤供热管道宜避开多年生经济作物区和重要的农田基本设施；⑥供热管道应避开重要的军事设施、易燃易爆仓库、国家重点文物保护区等；⑦供热管道宜与公路桥梁合建。

执行过程中，可通过国家现行标准《城市供热规划规范》GB/T 51074、《城市工程管线综合规划规范》GB 50289 和《城镇供热管网设计标准》CJJ/T 34 的规定支撑本条内容的实施。

**【背景与案例】**

供热管道的敷设方式主要分为地上敷设和地下敷设，地下敷设包括管沟敷设和直埋敷设。管道布置需要考虑地上地下各种设施及周围环境因素，与其他市政管线保持安全距离，地上敷设管道的净空高度要满足车辆或行人通行需要，地下敷设管道的覆土深度要满足道路结构需要，且地面施工及交通荷载不得破坏管道。管沟敷设时，由管沟结构承受地面荷载，覆土深度仅需考虑满足道路表面铺装和检查室井盖高度的要求，一般要求最小覆土深度 0.2m，当管沟以上地面需要种植草坪、花木时应加大覆土深度。车行道下直埋敷设管道承受车辆动荷载，为避免车轮集中荷载破坏保温管结构，要求管道覆土深度不小于 0.8m；当现场条件不能满足最小覆土深度要求时，可以采取措施分散管道上方车辆荷载。

**4.1.3** 供热管沟内不得有燃气管道穿过。当供热管沟与燃气管道交叉的垂直净距小于 300mm 时，应采取防止燃气泄漏进入管沟的措施。

### 【编制目的】

本条规定了供热管沟内限制进入的其他管道和与燃气管道交叉的保护要求，目的是保证公共安全，避免引起人身安全事故。

### 【条文释义】

供热管道特别需要重视的是与燃气管道交叉处理的技术要求，供热管沟通向各处，一旦燃气进入管沟，很容易渗入与之连接的建筑物，造成燃烧、爆炸、中毒等重大事故。因此本条规定不允许燃气管道进入供热管沟（包括供热隧道），且当燃气管道在供热管沟外的交叉距离较近时，也应采取加套管等可靠的隔绝措施，以保证燃气管道泄漏时，燃气不会通过沟墙缝隙渗漏进管沟。

### 【实施要点】

供热管沟是地下密闭空间，为避免燃气进入管沟发生爆炸事故，管道布置时应与燃气管道保持足够的距离。供热管沟与燃气管道最小水平净距要根据燃气压力等级确定，压力较高的燃气管道要求有较大的安全距离。供热管沟与燃气管道局部交叉敷设时垂直距离较近，必须对燃气管道采取措施，一旦燃气泄漏，在扩散过程中不得渗入管沟。

执行过程中，可通过现行强制性工程建设规范《燃气工程项目规范》GB 55009，以及国家现行标准《城镇燃气设计规范》GB 50028、《城市工程管线综合规划规范》GB 50289 和《城镇供热管网设计标准》CJJ/T 34 的规定支撑本条内容的实施。

【背景与案例】

供热管道可以与其他管道共同敷设在管沟或综合管廊同一舱室内，热水管道可与给水管道、通信线缆、压力排水管道等同舱敷设，但不可与易燃易爆及有毒介质管道同沟敷设。供热管沟与燃气管道交叉敷设时，不允许燃气管道进入管沟，平行或交叉敷设距离较近时也要采取隔断措施。

**4.1.4** 室外供热管沟不应直接与建筑物连通。管沟敷设的供热管道进入建筑物或穿过构筑物时，管道穿墙处应设置套管，保温结构应完整，套管与供热管道的间隙应封堵严密。

【编制目的】

本条规定了室外供热管沟设置及管沟内供热管道进入建筑物或穿过构筑物的技术要求，目的是避免室外管沟内的有害气体进入室内引起人身安全事故。

【术语定义】

构筑物：为某种使用目的而建造的、人们一般不直接在其内部进行生产和生活的工程实体或附属建筑设施。

【条文释义】

室外供热管沟有可能渗入有害气体，如果管沟直接连接建（构）筑物，有害气体进入室内，容易造成燃烧、爆炸、中毒等重大事故。为了防止有害气体通过供热管沟进入室内，室外管沟不得直接与室内管沟或地下室连通，应在管道穿墙处进行有效的封堵，避免室外管沟内可能聚积的有害气体进入室内。

【实施要点】

管沟敷设供热管道进入室内管沟或地下室时，比较可靠的隔绝手段是设置一段直埋管段，即在进入建筑物前设置长度为1m～2m 的直埋管段。当没有条件设置直埋管段时，应在管沟穿墙处设沟内隔墙封堵，并在管道穿过隔墙处将套管内的缝隙封堵严密，此外管道穿过构筑物时也应封堵严密。例如穿过挡土墙时，要避免管道与挡土墙间存在缝隙成为排水孔，日久会有泥浆排出。

执行过程中，可通过现行行业标准《城镇供热管网设计标准》CJJ/T 34 的规定支撑本条内容的实施。

**4.1.5** 当供热管道穿跨越铁路、公路、市政主干道路及河流、灌渠等水域时，应采取防护措施，不得影响交通、水利设施的使用功能和供热管道的安全。

【编制目的】

本条规定了供热管道穿越重要障碍时采取安全防护措施的基本原则，目的是保证供热管道及附近设施安全有效运行。

【条文释义】

铁路、公路、桥梁、河流和城市主要干道是重要交通及水利设施，供热管道如需与铁路、公路、桥梁、河流交叉，应与相关运营管理单位协商穿越或跨越实施方案，在施工、运行及维护时不破坏其他设施，同时要保证供热管道自身安全。供热管道穿跨越铁路和道路的净空尺寸或埋设深度要满足车辆通行及路面荷载要求；穿跨越河流的净空尺寸或埋设深度要满足泄洪、水流冲刷、河道整治和航道通航的要求。

【实施要点】

防护措施包括保持适当间距、设置防护构筑物、设置检修通道、施工临时导流、安全监测等。在供热管道穿跨越工程施工、运行及维护时不应破坏其他设施，在其他设施施工、运行及维护时也要保证供热管道的安全。

执行过程中，可通过国家现行标准《城市工程管线综合规划规范》GB 50289、《内河通航标准》GB 50139 和《城镇供热管网设计标准》CJJ/T 34 的规定支撑本条内容的实施。

**4.1.6** 供热管网的水力工况应满足用户流量、压力及资用压头的要求。

**【编制目的】**

本条规定了供热管网运行参数确定的基本原则，目的是保证用户供热质量和供热系统安全可靠运行。

**【术语定义】**

供热管网：向热用户输送和分配供热介质的供热管道、热力站及中继泵站等设施的总称。

水力工况：热水供热系统中流量和压力的分布状况。

资用压头：供热系统中用于克服管路和设备阻力损失的、同一热用户热力入口或同一地理位置的供水管与回水管的压差。

**【条文释义】**

供热系统中保证用户供热质量的主要参数是供热介质温度和循环流量，供热介质温度取决于热源能力和管网保温条件，而循环流量与管网的阻力损失和循环泵扬程等压力参数有关。对供热管网进行水力工况分析，就是分析管网沿线每一点的流量和压力的分布状况，以满足所有热用户的用热需求。供热管网水力工况分析是供热系统设计及运行期间确定管网管径、工作压力及运行调节方案的重要手段，水力工况分析计算包括设计计算、校核计算和事故分析计算等，是保障供热管网正常运行的基本要求。

**【实施要点】**

供热管网水力计算是供热管网设计和运行时压力工况分析的重要手段，是保障供热管网正常运行的基本要求，包括设计计算、校核计算和事故分析计算等。水力计算包括下列内容：

1）确定供热系统的管径及热源循环水泵、中继泵的流量和扬程。

热水供热管网设计水力计算时，主干线按经济比摩阻选取管径。经济比摩阻值的影响因素很多，与供热管网的规模（负荷、管径、长度）、钢材价格、运行电价、热价、热损失（运行期介质平均温度、运行期环境平均温度、保温材料及保温效果）、安

153

装费用等有关，宜根据工程具体条件计算确定。主干线管径选定后，计算主干线阻力损失，即可确定循环水泵、中继泵的流量和扬程。

蒸汽供热管网水力计算时，按允许压力降选择管径，并校核不同工况下用户处蒸汽压力和温度，保证在任何可能的工况下最不利用户的压力和温度满足要求，应按设计流量进行设计计算，并按最小流量进行校核计算。主干线起点的压力和温度，应通过热源经济技术分析确定。

2）分析供热系统正常运行的压力工况，确保热用户有足够的资用压头且系统不超压、不汽化、不倒空。

热水供热系统水压图能够形象直观地反映供热管网的压力工况。城镇热水供热管网供热半径一般较大，用户众多，应在水力计算的基础上绘制各运行方案的主干线水压图。对于地形复杂的地区，还应绘制必要的支干线水压图。在水力计算和管网水压图分析的基础上确定中继泵站和隔压站的位置、数量及参数。

有些热水供热管网需要进行多工况水力分析。多热源供热系统应按热源投运顺序对每个热源满负荷运行的工况进行水力计算并绘制水压图。常年运行的热水管网，应分别进行供暖期和非供暖期水力工况分析；当有夏季制冷热负荷时，应分别进行供暖期、供冷期和过渡期水力工况分析。当热用户分期建设时，应分期进行管网水力计算，应按规划期设计流量选择管径，分期确定循环泵参数。分布循环泵式供热管网应绘制主干线及各支干线的水压图；当分期建设时，应按建设分期分别进行水力工况计算分析。

3）进行事故工况分析。

本规范第2.2.1条规定，供热工程应设置热源厂、供热管网以及运行维护必要设施，运行的压力、温度和流量等工艺参数应保证供热系统安全和供热质量，应具备在事故工况时及时切断，且减少影响范围、防止产生水击和冻损的能力。

供热系统事故是指由于供热管道或设备严重损坏，使供热系统完全丧失或部分丧失完成规定供热功能的事件。进行事故工况分析十分重要，要对事故时的补水、泄压、分隔、运行等进行分析，无论在设计阶段还是运行阶段都是提高供热可靠性的必要步骤。供热系统应尽可能提高供热可靠性，使事故状态下供热管线、设备及室内供暖系统不冻坏，便于事故处理解决后能够快速恢复正常供热。

4）必要时进行动态水力分析。

动态水力分析是考虑供热系统的工况随时间变化，来分析供热管网由于运行状态突变引起的压力瞬态变化。为保证管道安全、提高供热可靠性，对具有引发供热系统发生瞬态水力冲击（或称水锤、水击）的热水供热管网应进行动态水力分析，包括输送距离长、地形高差大、工作压力高、工作温度高、可靠性要求高的管网。动态水力分析应对循环泵或中继泵突然断电、输送干线主阀门非正常关闭、热源换热器停止加热等非正常操作发生时的压力瞬变进行分析。动态水力分析后，根据分析结果采取安全保护措施。

5）通过调整支线管径或设置控制阀门使管网达到水力平衡。

供热管网水力平衡要求运行时供给各热用户的实际流量与规定流量的一致性。管网设计计算时应根据支干线、支线的允许压力降确定管径，充分利用主干线提供的作用压头，提高支线管内流速，不仅可节约管道投资，还可减少用户水力不平衡造成的过热现象。通过调整支线管径达到基本的水力平衡，再通过调节控制阀门达到精确的水力平衡。

执行过程中，可通过现行行业标准《城镇供热管网设计标准》CJJ/T 34 的规定支撑本条内容的实施。

**4.1.7** 热水供热管网运行时应保持稳定的压力工况，并应符合下列规定：

**1** 任何一点的压力不应小于供热介质的汽化压力加 30kPa；

**2** 任何一点的回水压力不应小于 50kPa；

**3** 循环泵和中继泵吸入侧的压力，不应小于吸入口可能达到的最高水温下的汽化压力加 50kPa。

【编制目的】

本条规定了热水供热管网运行时保持压力工况稳定的技术措施，目的是保证管道内的水不汽化、系统不倒空、管路及设备不超压，且循环泵不汽蚀。

【术语定义】

汽化压力：水在一定温度下从液态变为气态时所对应的饱和压力。

【条文释义】

热水供热系统运行压力过低时，热水可能汽化进而引起水击事故，水泵入口压力过低可能引起水泵汽蚀，为保证在系统运行压力少量波动时供热系统也能安全运行，应在介质汽化压力的基础上留有适当富裕压力。但供热系统压力也不可过高，要满足本规范第 2.2.1 条第 2 款的规定，设备与管道应能满足设计压力和温度下的强度、密封性要求。

【实施要点】

热水供热管网运行时要保持压力稳定，避免压力的剧烈波动，并在关键点安装监测装置，运行压力过高及过低时报警，系统可启动补水、泄水装置，运行人员可根据报警信息判断检查系统故障。对水击风险高的管网还需要进行动态水力分析，提高富裕压力或增加其他安全保护措施。

热水供热管网在设计和运行阶段均要绘制水压图，通过水力工况分析确定运行参数。常规系统需绘制各运行方案的主干线水压图；地形复杂的地区，还应绘制必要的支干线水压图；多热源供热系统应按热源投运顺序对每个热源满负荷运行的工况进行水力计算并绘制水压图，保证各运行工况均满足安全要求。

执行过程中，可通过现行行业标准《城镇供热管网设计标准》CJJ/T 34 的规定支撑本条内容的实施。

　　热水管网设计和运行中，常常以水压图的形式表示出系统各点压力大小和分布情况。水压图是表示热源和管道地形高度、热用户高度以及运行和停止工作时系统内各点水头高度的图形。供热区域的地形、热源及用户系统的高度、循环水泵的扬程、全部管网及用户系统的压力损失、系统定压方式、运行工况等，都直接影响水压图。

　　一般供热系统规模较小或供热管网沿线地势较平坦时，仅在热源处设置循环水泵，水压图形式见图3-5。

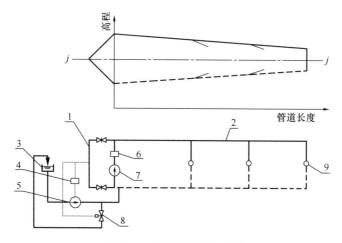

图 3-5　一般供热系统水压图

1—旁通管；2—管路；3—补水箱；4—变频控制柜；5—补水泵；
6—锅炉或加热器；7—循环泵；8—泄水阀；9—热用户

　　当供热系统规模较大或供热管网沿线地势高差较大时，为保证系统内管路及设备不超压，降低系统设计压力等级，可在供热管网上设置中继泵站，回水干线设置中继泵站的水压图形式见图3-6。

　　供水干线设置中继泵站的水压图形式见图3-7，图中细实线为未设中继泵站的管网压力分布。

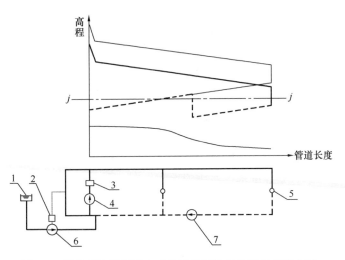

图 3-6　供热系统规模较大或供热管网沿线地势高差较大时，
回水干线设置中继泵站的水压图

1—补水箱；2—变频控制柜；3—锅炉或加热器；4—循环泵；
5—热用户；6—补水泵；7—回水加压中继泵

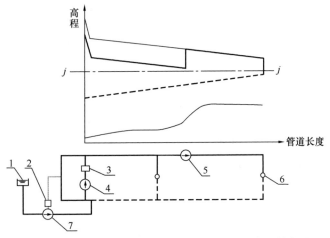

图 3-7　供热系统规模较大或供热管网沿线地势高差较大时，
供水干线设置中继泵站的水压图

1—补水箱；2—变频控制柜；3—锅炉或加热器；
4—循环泵；5—供水加压中继泵；6—热用户；7—补水泵

**4.1.8** 当热水供热管网的循环水泵停止运行时，管道系统应充满水，且应保持静态压力。当设计供水温度高于100℃时，任何一点的压力不应小于供热介质的汽化压力加30kPa。

**【编制目的】**

本条规定了热水供热系统停止运行时保持管网压力的技术措施，目的是保证热水供热管网随时可以恢复正常运行。

**【术语定义】**

静态压力：热水供热系统循环水泵停止运行时，管网各点的压力值。

**【条文释义】**

热水供热系统循环水泵停止运行时，同样要满足系统不超压、不汽化、不倒空的要求，避免水泵恢复运行时发生水击事故。高温水的汽化压力高于大气压，水泵停止时汽化风险较大，规定静态压力富裕量不小于30kPa。

**【实施要点】**

热水供热管网的静态压力由定压装置控制，供热系统设计时要确定静态压力值、定压方式和定压点位置，运行时要保持定压有效。

热水管网的定压方式应根据技术经济比较确定。定压点应设在便于管理并有利于管网压力稳定的位置，宜设在热源处。当供热系统多热源联网运行时，全系统仅有一个定压点起作用，但可多点补水。分布循环泵式热水管网定压点宜设在压差控制点处。

执行过程中，可通过现行行业标准《城镇供热管网设计标准》CJJ/T 34的规定支撑本条内容的实施。

热力站二次侧供暖系统富裕压力可参照现行国家标准《民用建筑供暖通风与空气调节设计规范》GB 50736、《工业建筑供暖通风与空气调节设计规范》GB 50019执行。

**【背景与案例】**

在绘制供热系统水压图时，需要先确定静压值和定压点位置。当供热系统规模较小时，为控制方便，可以将定压点设在热源循环水泵入口处，静压值即循环水泵入口压力，水压图形式见图 3-8。当供热系统规模较大时，为减小系统运行压力，一般将静压值设在循环水泵入口压力和出口压力之间，水压图形式见图 3-5～图 3-7。图中标注 $j$ 的点画线为静水压线。

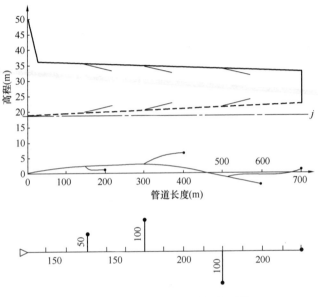

图 3-8　供热系统规模较小的水压图

**4.1.9**　供热管道应采取保温措施。在设计工况下，室外直埋、架空敷设及室内安装的供热管道保温结构外表面计算温度不应高于 50℃；热水供热管网输送干线的计算温度降不应大于 0.1℃/km。

【编制目的】

本条规定目的是保证供热管道满足节能、工艺和安全的要求。

【术语定义】

保温结构：保温层和保护层的总称。

输送干线：自热源至主要负荷区且长度较长、无支干线（或支线）接出的供热干线。

**【条文释义】**

供热管道均应保温，保温材料及厚度的确定首先要满足节能和工艺条件要求。直埋、架空及室内敷设管道还应校核外表面温度不高于50℃，主要考虑安全要求，同时兼顾直埋保温管外护材料的长期耐温要求。随着能源价格走高，加之市场保温产品的丰富，经济保温厚度是逐步增加的过程，实际运行中架空及室内敷设蒸汽管道外表面温度不高于50℃是可以达到的。管沟敷设管道由于土壤热阻较大，供热管道运行时沟内温度较高，靠增加保温层厚度降低保温外表面温度不够经济，可以允许运行时保温外表面温度高于50℃。

保温结构是保温层和保护层的总称。保温层是由保温材料（包括空气层）构成的结构层。保护层是保温层外阻挡外力和环境对保温层的破坏和影响，有足够机械强度和可靠防水性能的材料构成的结构层。保温结构外表面计算温度是在规定的供热介质温度、流量及环境条件下，经计算得到的保温结构外表面温度。

**【实施要点】**

供热管道、设备、阀门及管路附件均要保温。保温层材料的耐温性能、导热系数、密度、强度要满足管道设计及运行要求。保温层外设有保护层，保护层的机械强度和防水性能应满足施工、运行的要求，预制保温管还应满足运输的要求。

供热管道节能要求控制指标主要有经济厚度、单位表面积热损失、年热损失、管网输送效率等；工艺要求控制指标主要有用户温度及压力参数、管道热损失、介质温度降、保温层外表面温度、管道周围空气及土壤温度等；安全要求控制指标主要有防烫伤温度、室内及管沟内温度等。保温设计应优先采用经济厚度，同时要满足最大允许热损失要求。节能要求可通过技术经济分析得到满足，在满足节能要求的前提下，要校核工艺参数，保证用户用热参数和管道使用寿命，并减少对周围环境的影响。

供热管网运行维护要保证管道及其附件的保温结构完好，保温外壳完整、无缺损，保温性能满足要求。

执行过程中，可通过国家现行标准《城镇供热管网设计标准》CJJ/T 34、《城镇供热管网工程施工及验收规范》CJJ 28、《城镇供热直埋热水管道技术规程》CJJ/T 81、《城镇供热直埋蒸汽管道技术规程》CJJ/T 104、《城镇供热系统运行维护技术规程》CJJ 88 和《压力管道规范 公用管道》GB/T 38942 的规定支撑本条内容的实施。

**【背景与案例】**

供热管道保温设计时，根据不同的目标要求选取不同的供热介质温度和环境温度等计算参数。经济保温厚度计算及年散热损失计算采用全年总量，故计算时介质温度和环境温度都采用运行期间平均值。按规定的供热介质温度降计算保温厚度时按最不利条件计算，蒸汽管道的最不利工况根据用汽性质分析确定，通常最小负荷为最不利工况。按规定的土壤（或管沟）温度条件计算保温层厚度时，选取使土壤（或管沟）温度达到最高值的供热介质温度和土壤自然温度，计算结果与供热介质运行温度、土壤自然温度的变化规律有关。按规定的保温层外表面温度条件计算保温层厚度时，选取使保温层外表面温度达到最高值的供热介质温度和环境温度。

**4.1.10** 通行管沟应设逃生口，蒸汽供热管道通行管沟的逃生口间距不应大于 100m；热水供热管道通行管沟的逃生口间距不应大于 400m。

**【编制目的】**

本条规定了供热管沟人员疏散通道的要求，目的是保证运行维护和检修抢险过程中人员的人身安全。

**【术语定义】**

通行管沟：人员可直立通行，并可在内部完成检修的管沟。

逃生口：发生事故时人员的紧急出入口，也称事故人孔。

**【条文释义】**

通行管沟或管廊是人员可以进入检修及操作的空间，设置逃生口（事故人孔）是为了保证进入人员的安全，保证运行检修人员安全撤离事故现场。蒸汽管道发生泄漏事故对人员的危害性较大，因此设有蒸汽管道的管沟逃生口间距要求较小；当沟内供热管道全部为热水管道时，逃生口间距可适当放大。

**【实施要点】**

逃生口可结合检查室设置。当人员进入管沟工作时，相邻的逃生口应保持开启，逃生口应设置围栏，采取防坠落措施，并应有专人监护。

执行过程中，可通过国家现行标准《城镇供热管网设计标准》CJJ/T 34、《城镇供热管网工程施工及验收规范》CJJ 28 和《城市综合管廊工程技术规范》GB 50838 的规定支撑本条内容的实施。

**【背景与案例】**

供热管道通行管沟的尺寸为：净高不小于 1.8m，人行通道宽不小于 0.6m，管道保温表面四周净距不小于 0.2m。管沟检查室人孔直径不应小于 0.7m，人孔数量不应少于 2 个，检查室内爬梯应设置安全护栏，爬梯高度大于 4m 时应设置中间平台。

**4.1.11** 供热管道上的阀门应按便于维护检修和及时有效控制事故的原则，结合管道敷设条件进行设置，并应符合下列规定：

**1** 热水供热管道输送干线应设置分段阀门；

**2** 蒸汽供热管道分支线的起点应设置阀门。

**【编制目的】**

本条规定了供热管道阀门设置的基本原则，目的是便于维修和降低管网故障带来的影响。

**【术语定义】**

供热管道：输送供热介质的室外管道及其沿线的管路附件和附属构筑物的总称。

分段阀门：间隔一定距离设置在热水供热管网干线上，在运行、维修或发生事故时可用其隔离部分管段而设置的关断阀。

输送干线：自热源至主要负荷区且长度较长，无支干线（或支线）接出的供热干线。

**【条文释义】**

供热管道上设置阀门的目的是在管网维修时能及时切断输送介质，便于维修作业，另外，在管网发生故障时能快速切断故障段，减少抢修时间和抢修成本，降低管网事故的影响范围。阀门的安装位置需结合管网的具体条件确定，不同的输送介质、敷设方式、地理条件和管网敷设长度等条件对阀门的设置有不同要求，阀门的设置原则应便于维修和及时有效地控制事故的范围和影响。

热水、蒸汽管网干线、支干线、支线的起点应安装关断阀门。市政管网一般在管线起点装设阀门，主要是考虑检修和切断故障段的需要。庭院热水管网分支多，但支线长度短，一般不在支线起点设阀门，而是将分支阀门设在热力入口。热水管道输送干线应设置分段阀门，主要有以下作用：

1）减少检修时的放水量（软化、除氧水），降低运行成本；

2）事故状态时缩短放水、充水时间，加快抢修进度；

3）事故时切断故障段，保证尽可能多的用户正常运行，即增加供热的可靠性。

**【编制依据】**

《中华人民共和国环境保护法》

《关于城镇供热体制改革试点工作的指导意见》（建城〔2003〕148号）

**【实施要点】**

执行过程中，可通过国家现行标准《城市综合管廊工程技术规范》GB 50838、《城镇供热管网设计标准》CJJ/T 34 和《城镇直埋供热蒸汽管道技术规程》CJJ/T 104 的规定支撑本条内容的实施。

热水供热管网的关断阀和分段阀均应采用双向密封阀门。

管道在进出综合管廊时，应在综合管廊外设置阀门。综合管廊要求其内敷设的压力管道在出现意外情况或事故时，应能快速可靠地通过阀门进行控制关断。为便于管线维护人员操作，需要在综合管廊外设置管道进出管廊的关断阀门及阀门井。

**【背景与案例】**

对于传统管网，设置分段阀门可在管网维修和故障状态时有效减小停供范围，所以在分段阀门数量小于枝状管网节点数的情况下，减小分段阀门的间距，增加阀门的数量，可以大幅提高管道的供热可靠性。对于长输供热管道，分段阀门起不到减小停供范围的作用，增大分段阀门的间距，减少阀门的数量，可以提高管道的供热可靠性。

1）热水管网输送干线分段阀门的间距宜为 2000m～3000m；输配干线分段阀门的间距宜为 1000m～1500m。热水管道分段阀门在出现事故时可以切断故障段，输配干线的分段阀门位置结合输配管网布局设置，保证尽可能多的用户正常运行，所以，输配干线的分段阀门间距相对要小一些。

2）长输管线上分段阀门的间距宜为 4000m～5000m。长输管网通常管径较大，阀门造价较高，增大分段阀门的间距可减少投资，但加大分段阀门间距，还应综合考虑阀门分段管段抢修时的放水、充水的能力，以及管段内水的消纳和沿线排水设施的能力，所以，阀门的设置要确保抢修管段的瞬时排水以及在抢修时段内不会产生次生灾害。为了减小长输供热管道阀门间距增加后对故障修复时间的影响，应适当加大长输管道的放水管管径，同时增加长输管道系统的补水能力。

地质灾害会引起管道的褶皱屈曲、拉伸等屈服破坏，所以长输管网在不良工程地质段两侧应设置分段阀门以尽可能降低地质灾害带来的损失，必要时可以通过增加管道壁厚的方式降低这种破坏的影响。

**4.1.12** 蒸汽供热管道应设置启动疏水和经常疏水装置，直埋蒸汽供热管道应设置排潮装置。蒸汽供热管道疏水管和热水供热管道泄水管的排放口应引至安全空间。

**【编制目的】**

本条规定了蒸汽管道设置疏水装置和排潮装置、热水管道设置泄水管的要求，目的是保证管道安全运行。

**【术语定义】**

直埋蒸汽管道：直接埋设于土层中输送蒸汽的预制保温管道。

疏水装置：疏水器及其前后的管道及管路附件。

**【条文释义】**

蒸汽供热管道启动暖管时会产生大量凝结水，在低负荷运行时也可能产生凝结水，所以需设置疏水装置，以使凝结水及时排出，防止发生水击事故。

蒸汽供热管网一般供应多个热用户，难以保证蒸汽流量持续稳定，因此要求既设置启动疏水装置也设置经常疏水装置。蒸汽管道的低点和垂直升高的管段前应设疏水装置，同一坡向的管段间隔一定距离也应设疏水装置。

直埋蒸汽管道设置排潮管的目的主要是在暖管时排出保温层中的潮气，使保温材料的导热系数达到设计值，保证正常的绝热性能。直埋蒸汽管道为钢套钢结构，两钢管之间的保温材料可能会含有潮气，保温管道在储存、运输、施工或运行过程中也可能有水进入保温层，在管网高温运行后，水被蒸发成水蒸气，充满工作钢管与外护钢管中间的空腔，不仅会影响保温层的隔热效果，还会影响保温材料的寿命。同时，由于空腔中充满高温的水蒸气，导致外护管温度升高，损坏防腐层。另外，设置排潮管可以检查判断管道的故障，若运行时由于工作管泄漏或外护管不严密而进水，均可通过排潮管向外排汽。根据排潮管的排汽量可判断是否泄漏或进水，还可判断泄漏点的大致位置，根据排出潮气量判断管网的运行状态。抽真空蒸汽管也可通过真空表的真空度变化或排潮管判断保温层中是否进水或泄漏。

供热管道介质温度较高，排放时可能对操作人员的身体造成伤害。因此，在蒸汽管道启动疏水和热水管道检修排水时，需要采取临时措施将排水管引至安全空间。

【实施要点】

执行过程中，可通过国家现行标准《城市综合管廊工程技术规范》GB 50838、《城镇供热管网设计标准》CJJ/T 34 和《城镇供热直埋蒸汽管道技术规程》CJJ/T 104 的规定支撑本条内容的实施。疏水管和排潮管的设置可参考以下做法：

1）蒸汽管道的低点和垂直升高的管段前应设置启动疏水和经常疏水装置。

2）疏水装置宜设置在工作管与外护管相对位移较小处，疏水装置处宜设置固定支座。

3）排潮管应设置在外护管轴向位移量较小处。在长直管段间，排潮管可结合内固定支座共同设置。排潮管出口可引入专用井室内，专用井室内应有可靠的排水措施。排潮管外部应设置外护钢套管，排潮管公称直径及外护钢套管规格如无设计要求，可按表 3-7 选取。排潮管如引出地面，开口应下弯，且弯顶距地面高度不宜小于 0.5m，并应采取防倒灌措施。排潮管和其外护钢管的地下部分应采取防腐措施，防腐等级不应低于保温管道的外护管防腐层等级。排潮管宜设置在不影响交通的地方，且应有明显的标志。

表 3-7　排潮管公称直径及外护钢套管规格

| 外护管公称直径<br>（mm） | 排潮管公称直径<br>（mm） | 排潮管外护钢套管<br>外径（mm）×壁厚（mm） |
| --- | --- | --- |
| ≤500 | 40 | 159×5 |
| 600～1000 | 50 | 159×5 |
| ≥1200 | 65 | 159×5 |

4）直埋蒸汽管道如保温层中进水较多，应更换保温材料，否则可能会增加排潮的难度并损伤保温材料和钢外护管的防腐材料。

5）城市综合管廊内蒸汽管道的经常疏水管排放口应引至管廊外的安全空间，并应与周边环境相协调。主要是为控制综合管廊舱内的环境温度以及确保安全。

【背景与案例】

某 DN300 的蒸汽管网，钢套钢结构，保温层为耐高温超细玻璃棉，外护钢管采用 3PE 防腐。由于排潮管引出地面后未采取防倒灌措施，雨季外界水倒灌进入保温层，管网运行过程中，玻璃棉在水的长期蒸煮下失效，严重影响保温性能；另外，工作钢管与外护钢管中间的空间充满了水蒸气，高温蒸汽又使外护钢管的防腐层严重受损。

**4.1.13** 供热管道结构设计应进行承载能力计算，并应进行抗倾覆、抗滑移及抗浮验算。

【编制目的】

本条规定了供热管道结构设计过程中对承载能力计算及抗倾覆、抗滑移及抗浮验算的要求，目的是保证供热系统的安全。

【条文释义】

供热管道结构包括管沟（含明挖管沟、暗挖隧道、顶管、盾构等）、检查室、支架、支墩等。供热管道结构破坏可能产生严重后果，如威胁所穿跨越（或相邻）重要场所或设施的安全甚至造成破坏；导致管道破坏、高温热水或蒸汽喷泻造成人身伤亡事故；停热造成较大社会影响等；特别重要的管网结构发生破坏，将导致城市大范围停热，造成重大社会影响。为满足结构设计工作年限要求，结构在组合作用下的承载能力计算和抗倾覆、抗滑移及抗浮验算是结构设计计算的基本要求。

【实施要点】

执行过程中，可通过现行行业标准《城镇供热管网结构设计规范》CJJ 105、《城市供热管网暗挖工程技术规程》CJJ 200 和《城镇供热直埋热水管道技术规程》CJJ/T 81 的规定支撑本条内容的实施。

——供热管道结构设计应计算下列两种极限状态：

1）承载能力极限状态：在管道安装、试压、运行及检修阶段，对应于结构达到最大承载能力，结构或结构构件及构件连接因超过材料强度而被破坏；结构因过量变形而不能继续承载或丧失稳定（如横截面压屈等）；结构作为刚体失去平衡（如滑移、倾覆、漂浮等）。

2）正常使用极限状态：在管道运行阶段，对应于结构或结构构件正常使用或耐久性能的某项规定限值，如结构变形、影响耐久性能的控制开裂或局部裂缝宽度限值等。

——管沟及检查室结构及结构构件的承载能力极限状态设计应包括下列内容：

1）管道运行阶段结构构件的承载力计算。对通行管沟及检查室，尚应进行管道安装或检修阶段起吊管道、设备时结构构件的承载力计算；对需揭开盖板进行管道检修的管沟及检查室，尚应进行管道检修阶段结构构件的承载力计算；对设有固定支架的管沟及检查室结构、蒸汽管网设有活动支架的管沟及检查室结构，尚应进行管道试压阶段结构构件的承载力计算。

2）设有固定支架、导向支架及活动支架的管沟及检查室结构，管道运行阶段结构作为刚体的抗滑移、抗倾覆稳定验算。对设有固定支架的管沟及检查室结构、蒸汽管网设有活动支架的管沟及检查室结构，尚应进行管道试压阶段结构作为刚体的抗滑移、抗倾覆稳定验算。

3）当结构位于地下水位以下时，管道运行阶段的结构抗浮稳定验算。对需揭开盖板进行管道检修的管沟及检查室，尚应进行管道检修阶段的结构抗浮稳定验算。

4）预埋件设计。

——固定支架、导向支架和活动支架结构及结构构件的承载能力极限状态设计应包括下列内容：

1）管道运行阶段结构构件的承载力计算。对固定支架及蒸汽管网的活动支架，尚应进行管道试压阶段结构构件的承载力计算。

2）管道运行阶段架空管道支架基础的抗滑移、抗倾覆稳定验算及地基承载力计算。对固定支架及蒸汽管网的活动支架，尚应进行管道试压阶段支架基础的抗滑移、抗倾覆稳定验算及地基承载力计算。

3）预埋件设计。

——预制混凝土滑动支墩的结构设计应包括下列内容：

1）管道运行阶段墩体及其底部坐浆的承载力计算。对于蒸汽管网尚应进行管道试压阶段墩体及其底部坐浆的承载力计算。

2）管道运行阶段墩体的抗倾覆稳定验算。对蒸汽管网尚应进行管道试压阶段墩体的抗倾覆稳定验算。

3）预埋件设计。

供热管沟及检查室在管网运行期间，结构受到高温环境下的高湿度气体侵蚀；在管网停运期间，结构又受到高湿度条件下冷凝水对构件表面的侵蚀，以及可能存在的积水长期浸泡。结构设计需要综合考虑管网运行和停运期间，供热管沟及检查室内部不同环境条件的综合影响，合理确定结构内部的环境类别，合理选用结构材料，适当采取构造措施。

**【背景与案例】**

供热管道输送的供热介质有热水和蒸汽两种类型。虽然管道外面设有保温隔热层，但经过多年长期运行后，由于结构漏水等不利环境条件，保温材料长期受潮失效或受热碳化可能造成管道保温效果下降。热水管网管沟与检查室内的环境温度，可能会达到 50 ℃ 以上，如果管道保温受损失效，环境温度会明显升高，最高可达 80 ℃ 左右；蒸汽管网管沟与检查室内的环境温度最高达到 100 ℃ 左右。由此可见，热力管沟和检查室内部结构长期暴露于较高温度环境。蒸汽管网结构的破坏程度远比热水管网结构严重。

据不完全统计，北京市早期建设的一些地下供热管网工程，存在结构翻修的现象。这些翻修结构大部分的修建时间都在 15 年以上，所翻修的部位主要有以下的问题：

1）结构顶板折断或断裂；

2）结构顶板、侧墙混凝土毁损酥裂；

3）结构顶板混凝土保护层大面积脱落，钢筋裸露、锈蚀。

这些结构的破坏是由多种因素导致的，城市道路等级提高，实际地面车辆荷载超过设计荷载；设计中的材料选择和构造要求按照当时一般土建结构设计，温度、湿度环境对结构耐久性的影响未给予足够重视；未定量考虑结构壁面温差的作用；未充分考虑温度对混凝土材料设计强度和变形模量取值的影响。分析造成结构破坏的原因是一个复杂问题，系统因素和偶然因素、设计因素、施工因素及管网日常维护使用因素都不同程度地存在着。

**4.1.14** 供热管道施工前，应核实沿线相关建（构）筑物和地下管线，当受供热管道施工影响时，应制定相应的保护、加固或拆移等专项施工方案，不得影响其他建（构）筑物及地下管线的正常使用功能和结构安全。

**【编制目的】**

本条规定了供热管道施工前对沿线相关建（构）筑物和地下管线的现场核查要求及应采取的保护措施，避免因供热管道施工影响其正常的使用功能和结构安全。

**【条文释义】**

为了减少供热管道工程施工对周边建（构）筑物和地下管线等设施的影响，管道施工前应对工程影响范围内的障碍物进行现场核查，并应逐项查清障碍物构造情况及与拟建工程的相对位置，需要时采取措施避免沟槽开挖损坏相邻的设施。当管道穿越既有设施或建（构）筑物时，施工方案应取得相关产权或管理单位的同意。当沿线相关建（构）筑物和地下管线受供热施工影响时，应与有关单位进行协商，制定相应的拆移、保护或加固等专项施工方案，并及时实施，不应影响其他建（构）筑物及地下管线的正常使用功能和结构安全。

土方施工中，对开槽范围内的各种障碍物的保护措施包括：

1）应取得所属单位的同意和配合；

2）给水、排水、燃气、电缆等地下管线及构筑物必须能正常使用；

3）加固后的线杆、树木等必须牢固；

4）各相邻建筑物和地上设施在施工中和施工后，不得发生沉降、倾斜、坍塌等。

**【实施要点】**

执行过程中，可通过国家现行标准《城镇供热管网工程施工及验收规范》CJJ 28、《城市供热管网暗挖工程技术规程》CJJ 200、《热力机械顶管技术标准》CJJ/T 284 和《盾构法隧道施工及验收规范》GB 50446 的规定支撑本条内容的实施。

施工前，施工单位应组织人员踏勘现场，了解工程用地、现场地形、道路交通以及邻近的地上、地下建（构）筑物和各类管线等的情况，并应探明拟建热力管道与其他地下管线的相对关系，查明相邻或交叉管线的性质、高程、走向等。对热力管道施工有影响的管线，须与管线产权单位协商加固或拆改移方案；调查建筑物、线杆、树木等地上物相对热力管道的关系，提前做出拆迁、移栽、加固保护等措施；调查拟建热力管道相对道路交通关系，当热力管道施工对交通现状有影响时，应及时与交通管理部门沟通，编制交通组织方案，经交通管理部门审批后方可组织施工。

地下管线及构筑物调查方法主要有以下几种：根据建设单位提供的现状管线物探图，施工单位组织人员现场核实，对现状管线进行现场标识；对于建设单位未提供物探图的，施工单位可以根据设计图纸和设计单位的交桩情况，沿拟建热力管道施工区域进行物探和坑探，绘制物探图，并将与拟施工的热力管道有关系的现状管线进行现场标识；施工单位根据现场调查的现状管线，联系现状管线产权单位，与产权单位人员共同确定现状管线位置、性质等。

施工前应对工程影响范围内的障碍物进行现场核查，并应逐项查清障碍物的构造情况及与拟建工程的相对位置。发现文物时应采取保护措施并及时通知文物管理部门。对工程施工影响范围内的各种既有设施应采取保护措施，不得影响地下管线及建（构）筑物的正常使用功能和结构安全。

工程影响范围内的设施包括沟槽边线杆、树木、相邻建筑物及地下管线等。在沟槽开挖前须对工程影响范围内的线杆、树木等进行加固，加固后的线杆、树木等应稳固，避免沟槽开挖造成倾倒；对临近沟槽的建筑物全过程监控量测，设定警戒值，采取边坡支护等措施。

穿越既有设施或建（构）筑物时，其施工方案应取得相关产权或管理单位的同意。给水、排水、燃气、电信等管道以及城市地铁、供电电缆、通信或其他光缆等地下设施，其专业性较强，分属不同的专业单位管理和使用，所以热力管道施工开挖前，保护方案应征得设施产权单位的同意，确保其正常使用。

【背景与案例】

前期调查不够细致，导致施工后工期受影响，增加施工费用。不管明挖暗挖都应仔细调查，发现专业管线，制定方案后到产权单位征求意见，确认制定的方案是否合理。比如有些广告牌或交通指示牌可能埋得很深，此种情况通过物探可能探不出具体的深度，需要进行深入调查了解。如果提前不调查清楚，后续可能不仅要承担不必要的意外支出，还影响工期，甚至可能导致停工，如处理不当还会影响后续安全。

案例：

某热力工程的隧道沿线上方有一交通标志杆，因隧道较深，认为标志杆不会影响其施工，施工到标志杆处后发现此标志杆非常深，且位置向下正好穿过隧道。经调查，此标志杆是经打桩安装的一个标志牌，连接标志牌的铁管深度超过 20m，施工至此已无法避开，最后只能将此标志牌移开，在旁边重新打桩安装，增加施工费 20 多万元。如前期调研清楚，稍偏一点就可以躲过此标志杆，可避免 20 多万元额外的费用及对工期的影响。

**4.1.15** 供热管道非开挖结构施工时应对邻近的地上、地下建（构）筑物和管线进行沉降监测。

**【编制目的】**

本条规定了非开挖结构施工时对邻近建（构）筑物和管线进行沉降监测的要求，目的是防止施工对邻近建（构）筑物造成破坏，影响正常使用。

**【条文释义】**

非开挖穿越工程应保证四周地下管线、建（构）筑物的正常使用。在非开挖穿越工程施工过程中应进行监控量测，即施工中对地层、建（构）筑物、地下管线、地表隆沉和支护结构动态进行经常性的观察和测量，并及时反馈信息以指导施工。

在穿越施工中和掘进施工后，穿越结构上方土层、各相邻建筑物和地上设施不得发生沉降、倾斜、坍塌。为确保施工时现有建（构）筑物及地下管线的安全，应进行沉降监测。

采用机械顶管施工时，需要考虑对周边环境的不利影响。供热管道机械顶管工程，一般位于不具备明挖条件的复杂城市环境中，无论是工作井施工还是管节机械顶进施工，不可避免地会对地层产生扰动，引起的地层变形会对周边地下管线和地上建筑物产生影响甚至破坏。施工过程中进行监控量测，可以掌握支护和管节及周边环境的动态，是监视和判断施工过程及施工影响范围内的周边环境是否安全和稳定的重要手段，监测结果可为设计和施工提供参考。

供热暗挖隧道的地面建（构）筑物多，交通繁忙，为保证安全、防止发生事故，施工中，通过监测和观察及时掌握开挖过程中的变化也是非常重要的。

174

**【实施要点】**

执行过程中，可通过国家现行标准《城镇供热管网工程施工及验收规范》CJJ 28、《城市供热管网暗挖工程技术规程》CJJ 200、《热力机械顶管技术标准》CJJ/T 284 和《盾构法隧道施工及验收规范》GB 50446 的规定支撑本条内容的实施。

施工过程中应对施工影响范围内的建（构）筑物状态进行第三方监控量测。第三方监测是独立的监控体系，其监测体系、监测数据与施工单位自身的监测是平行、相互独立的关系，第三方对监测的准确性、真实性、独立性负责。建设单位通过第三方监测，当发现施工单位的行为存在安全风险，则要求施工单位停止相关行为，或采取相应措施。

1）暗挖法施工

隧道穿越地上建（构）筑物、上穿或下穿地下建（构）筑物和其他现状市政地下管线时，应依据隧道与建（构）筑物、地下管线的空间位置关系，建（构）筑物和地下管线的类型、规模、重要程度，隧道施工法等条件进行监测设计。

施工中发现下列情况之一时，应立即停工，并及时采取措施处理：

（1）周边及开挖面坍方滑坡及破裂；

（2）地表沉降过大；

（3）监测数据有不断增大的趋势；

（4）支撑结构变形过大或出现明显的受力裂缝且不断发展；

（5）时态曲线长时间没有变缓的趋势；

（6）地表沉降或结构变形达到设计提出的警戒值。

2）顶管法施工

主要监测要点包括：

（1）工作井、顶管、地下管线、地上建（构）筑物等的监测方案应根据工程地质、地下管线和周边建（筑）物等条件确定；

（2）施工中应及时监测，并对监测数据进行分析、预测最终位移值，判断工作井、顶管、地上建（构）筑物和地下管线的稳定性；

（3）顶管施工过程中应设置专职检查员，对顶管隧道内外随时巡视、观察并记录。

3）盾构法施工

主要监测要点包括：

（1）施工周边环境监测对象应包括邻近建（构）筑物、地表和地下管线等；

（2）邻近建（构）筑物变形监测应根据结构状况、重要程度和影响范围有选择地进行，监测点的布设应反映邻近建（构）筑物的不均匀沉降及倾斜等情况；

（3）邻近地下管线的监测点应直接设置在管线上，对无法直接观测的管线应采取周边土体分层沉降代替管线沉降监测；

（4）当穿越地面建（构）筑物和地下管线等时，除应对穿越建（构）筑物监测外，还宜对邻近土体进行变形监测。

**【背景与案例】**

非开挖结构施工是不开挖地面，而在地下水平向前开挖和修筑衬砌的施工方法，主要包括以下几种方式：

1）暗挖法

采用锚杆和喷射混凝土为主要支护手段，充分利用围岩自承能力和开挖面空间约束作用的暗挖施工方法。暗挖法通过对围岩变形的量测及监控，采用锚杆和喷射混凝土为主要支护手段，对围岩进行加固，约束围岩的松弛和变形，使其与围岩共同作用形成联合支护体系，以充分利用围岩自承能力和开挖面空间约束作用。

2）顶管法

顶管法是非开挖施工方法之一。操作时将钢筋混凝土管或钢管等预制管涵节段放入工作坑中，通过传力顶铁和导向轨道，用高压千斤顶，将预制管涵节段顶入土层中。

3）盾构法

用盾构机修筑隧道的暗挖施工方法，为在盾构钢壳体的保护下进行开挖、推进、衬砌和注浆等作业的方法。

**4.1.16** 供热管道焊接接头应按规定进行无损检测，对于不具备强度试验条件的管道对接焊缝应进行 100％射线或超声检测。直埋敷设管道接头安装完成后，应对外护层进行气密性检验。管道现场安装完成后，应对保温材料裸露处进行密封处理。

【编制目的】

本条规定了管道焊接接头的探伤检测要求、直埋保温接头的密封性检验要求以及裸露保温材料的处理要求，目的是通过提升供热管道焊接质量、保温接头施工质量及对保温材料的密封处理质量，提升管网的安全性。

【术语定义】

强度试验：为检查管道、管路附件或设备的强度进行的压力试验。

直埋敷设：管道直接埋设于土壤中的地下敷设方式。

外护层：保温层外阻挡外力和环境对保温层的破坏和影响，有足够机械强度和可靠防水性能的结构层。

【条文释义】

管道焊接质量检验包括对口质量检验、外观质量检验、无损探伤检验和强度试验。无损检测是检验管道焊接质量的重要手段。一般情况下根据不同介质、不同管径、不同敷设方式确定管道焊缝的无损检测数量和比例，检测数量及合格标准应符合设计文件及相关标准的要求。不具备强度试验条件的管道对接焊缝，应进行 100％无损检测。

保温管道接头质量对管道整体质量及寿命有至关重要的影响，国内外数据表明，保温管接头施工质量不良是直埋热水管道失效的主要原因。这是由于直埋保温接头受施工条件限制，是管网中的薄弱环节，而直埋供热管网中接头的数量多，影响大，所以保温接头施工质量应引起足够的重视。直埋热水保温管采用工作管、聚氨酯保温层、外护层粘结为一体的整体式保温结构，一旦水进入保温层，管网高温运行时会导致聚氨酯保温层损坏，最终破坏预制直埋保温管系统的整体式结构，偏离管网设计基础，导致整个管网系统失效，引发安全事故。直埋热水保温管焊接完毕后对接头处进行保温施工，保温接头的外护层应与保温管道形成一个密封的整体，并应有足够的密封性和强度，保证保温管道埋地后，外界水不会从接头处进入保温层，同时管网运行过程中由于管网的往复运动导致的土壤摩擦力不破坏保温接头结构。所以，在接头外护层安装完成后、接头保温施工前，应按照要求对接头逐个进行气密性检验。

整个管道系统上所有预制保温管道裸露的保温层都应进行密封处理，防止水和潮气进入保温层，在管网高温运行下破坏保温结构。

**【实施要点】**

执行过程中，可通过国家现行标准《城镇供热管网工程施工及验收规范》CJJ 28、《城镇供热直埋管道接头保温技术条件》GB/T 38585、《城镇供热预制直埋保温管道技术指标检测方法》GB/T 29046 的规定支撑本条内容的实施。

无损检测宜采用射线探伤。当采用超声波探伤时，应采用射线探伤复检，复检数量应为超声波探伤数量的 20%。

气密性检验应在接头外护管冷却到 40℃以下进行。气密性检验的压力应为 0.02MPa，达到压力值后，停止充气，保压时间不应小于 2min，压力稳定后可采用涂肥皂水的方法检查，无气泡为合格。

另外，接头做完保温后，外护层上的发泡孔及气密性检测孔也应进行密封处理，并应保证焊接强度和密封性，保证外界水不进入保温层。

在直埋热水保温管道盲端处应加装末端套筒等附件，使之与管道的外护管密封成为一个整体，防止保温管直埋后外界水由盲端进入到保温层中。检查室中出墙保温管的管端保温层应进行密封处理。由于检查室中可能会存有积水或潮湿气体，为防止这些积水或潮湿气体进入管端裸露的保温层中，应在保温管管端加装收缩端帽等密封材料对保温层进行密封处理。收缩端帽一端粘接在保温管上，另一端要粘接在工作钢管上，所以应具有耐温性，防止在长期运行温度的作用下出现密封失效。

**【背景与案例】**

直埋管道接头处的发泡孔在接头保温完成后应进行封堵，除小管径保温管外护管太薄无法焊接外，DN250 及以上的保温接头应采用焊塞进行焊接封堵，以保证焊接后的强度和密封性。焊接后焊塞外面应采用盖片将焊接孔盖住。如果只采用盖片封堵发泡孔，强度达不到要求，管网运行后，管道在土壤中受摩擦，盖片很容易被破坏，导致外界水进入保温层。某 DN800 直埋热水管网失效，挖出后发现接头发泡孔未进行焊接封堵，外界水从发泡孔进入保温层，导致聚氨酯保温层全部失效。

直埋管网热力井室中的管路附件常采用非聚氨酯保温材料进行现场保温，热力井室中出墙后的预制保温管无法与之形成一个整体，因此，需要将出墙处保温管端的保温层进行密封，密封材料可采用耐高温的收缩端帽。

**4.1.17** 供热管道安装完成后应进行压力试验和清洗，并应符合下列规定：

**1** 压力试验所发现的缺陷应待试验压力降至大气压后进行处理，处理后应重新进行压力试验；

**2** 当蒸汽管道采用蒸汽吹洗时，应划定安全区；整个吹洗过程应有专人值守，无关人员不得进入吹洗区。

**【编制目的】**

本条规定了供热管道进行压力试验和清洗的要求，压力试验时发现缺陷的处理方式以及蒸汽管道进行蒸汽吹洗时的安全防护要求，目的是保证供热系统施工和运行安全。

**【术语定义】**

压力试验：以液体或气体为介质，对供热系统逐步加压，达到规定的压力并保持压力一定的时间，以检验系统强度或严密性的试验。

管道清洗：为去除在安装和检修过程中遗留在供热管道内的杂物，用较大流速的蒸汽、压缩空气或清洁水等对管道进行的连续吹洗或冲洗。

**【条文释义】**

管道进行压力试验及清洗是热力工程中的重要环节，管道压力试验包括强度试验和严密性试验。强度试验是对管道本身及焊接强度的检验，在试验段管道接口防腐、保温及设备安装之前进行；严密性试验是对阀门等管路附件及设备密封性的检验，在试验段管道全部安装完成后进行。管道施工焊接过程中难免有焊渣、泥土及污水等进入工作管内部，为保证供热系统运行安全，应在试运行前进行清洗，彻底清除管道内的杂物，避免杂物损坏设备，造成事故。

压力试验时发现的缺陷必须在试验压力降至大气压后进行修补，要求不得带压处理管道压力试验时发现的管道和设备缺陷，以保证施工安全，避免造成人身事故。蒸汽吹洗由于温度高、速度快，需根据出口蒸汽的扩散区划定警戒区，避免人员烫伤。

**【编制依据】**

**《建设工程质量管理条例》**

**【实施要点】**

执行过程中，可通过现行行业标准《城镇供热管网工程施工及验收规范》CJJ 28、《城镇供热直埋热水管道技术规程》CJJ/T 81 和《城镇供热直埋蒸汽管道技术规程》CJJ/T 104 的规定支撑本条内容的实施。

压力试验和清洗前应划定安全区、设置安全标志。在整个试验和清洗过程中应有专人值守，无关人员不得进入试验区。

1) 压力试验

压力试验前，焊接质量外观和无损检验应合格。压力试验应按强度试验、严密性试验的顺序进行。压力试验的介质应采用清洁水，且压力试验时环境温度不宜低于 5℃，否则应采取防冻措施。

根据《城镇供热管网工程施工及验收规范》CJJ 28‐2014 要求，强度试验压力应为 1.5 倍设计压力，且不得低于 0.6MPa；严密性试验压力应为 1.25 倍设计压力，且不得低于 0.6MPa；设备有特殊要求时，试验压力应按产品说明书或根据设备性质确定。压力试验方法和合格判定可参照表 3-8。

表 3-8　压力试验方法和合格判定

| 项目 | 试验方法和合格判定 | | 检验范围 |
|---|---|---|---|
| 强度试验 | 升压到试验压力，稳压 10min 无渗漏、无压降后降至设计压力，稳压 30min 无渗漏、无压降为合格 | | 每个试验段 |
| 严密性试验 | 升压至试验压力，当压力趋于稳定后，检查管道、焊缝、管路附件及设备等无渗漏，固定支架无明显的变形等 | | 全段 |
| | 一级管网及站内 | 稳压在 1h，前后压降不大于 0.05MPa，为合格 | |
| | 二级管网 | 稳压在 30min，前后压降不大于 0.05MPa，为合格 | |

当试验过程中发现渗漏时，严禁带压处理。在管道内带压时进行焊接、切割、拆卸法兰等都是极其危险的，以往的工程施工中已有很多的经验教训。所以，试验过程中发现渗漏后，应泄压，待试验压力降至大气压后再处理。缺陷处理完成后应重新进行压力试验，确保缺陷处理达到要求，保证管网的安全运行。

2）清洗

清洗方法可采用人工清洗、水力冲洗或气体吹洗。人工清洗可用于管径大于或等于 DN800 而且水源不足的条件；水力冲洗可用于任何管径；气体吹洗一般用于蒸汽管道的清洗。清洗前应编制包括清洗方法、技术要求、操作及安全措施等内容的清洗方案。

热水管道的清洗宜采用清洁水。不与管道同时清洗的设备、容器及仪表应与清洗管道隔离或拆除。清洗进水管的截面积不宜小于被清洗管截面积的50％，清洗排水管截面积不应小于进水管截面积。

管道清洗宜按主干线—支干线—支线顺序进行，排水时不得形成负压。管道清洗前应将管道充满水并浸泡，冲洗的水流方向应与设计介质流向一致。管道清洗应连续进行，并应逐渐加大管内流量，管内平均流速不宜低于1m/s。管道清洗过程中应观察排出水的清洁度，当目测排水口的水色和透明度与入口水一致时，清洗合格。

蒸汽管道应采用蒸汽进行吹洗。蒸汽吹洗前应缓慢升温进行暖管。吹洗的蒸汽压力和流量应按计算资料确定。当无计算资料时，可按压力不大于管道工作压力的75％、流速不低于30m/s进行吹洗，以保证吹洗安全并吹洗干净，如吹洗流速低于30m/s，应增加吹洗次数。每次吹扫时间不应少于15min。每次的间隔时间宜为20min～30min，以出口蒸汽无污物为合格。

当蒸汽管道采用蒸汽吹洗时，应划定安全区，整个吹洗过程应有专人值守，无关人员不得进入吹洗区。由于蒸汽管道、设备进行吹洗是一项危险性较大的工作，要对吹洗出口、吹洗箱和吹洗装置提出明确要求，并编制吹洗方案。方案中要有吹洗工作操作区、安全区等。在吹洗前要审批编制吹洗方案，要对操作区、安全区按吹洗方案进行现场划分，并设置警示带、警示牌等。开始吹洗前应提前安排保安人员现场值班，并告知行人和附近单位注意安全。

**【背景与案例】**

案例一：

某热力工程项目，管径DN1000，长度1.8km，设计压力1.6MPa，强度试验压力为2.4MPa。在强度试验过程中，压力升到1.2MPa时发现管道与除污器连接处的环形焊缝漏水，检查漏水处时漏水量增大，并形成水柱。按照相关规范要求，必须停止试压。泄压后经检查发现泄漏的原因是环形焊缝处有砂眼，对砂眼进行处理后，对此段管线重新打压进行强度试验。

案例二：

某热力工程长 1.2km，管径 DN800，设计压力 1.6MPa，严密性试验压力为 2MPa。在试验过程中，当压力升到 1.5MPa 时，复式拉杆补偿器发生失稳，波纹管变形。按相关规范要求停止试压，全线泄水并更换补偿器。后经分析确认波纹管变形的主要原因是生产补偿器过程中，各部件产生内应力没有及时消除。另外，产品零件尺寸有偏差。更换补偿器后，重新进行严密性试验。升压至试验压力，管道、焊缝、管路附件及设备等未出现渗漏，固定支架无明显的变形，稳压 1h，压降不超标，试验成功。

案例三：

某热力工程，管径 DN800，长度 800m，设计压力 1.6MPa，严密性试验压力为 2MPa。压力试验到 1.2MPa 时，发现复式拉杆补偿器漏水，漏水处在两侧加强板与波纹管的焊接处。按相关规范要求停止试压，全线泄水，并更换补偿器。经查补偿器漏水的主要原因是由于加强板为钢制材料，波纹管材质是不锈钢，两种不同材质的焊接有较高的技术要求，焊接质量出现了问题。更换补偿器后，重新进行严密性试验。升压至试验压力后，检查管路附件及设备等无渗漏，固定支架无明显的变形，稳压 1h，压降不超标，试验成功。

**4.1.18** 蒸汽供热管道和热水供热管道输送干线应设置管道标志。管道标志毁损或标记不清时，应及时修复或更新。

【编制目的】

本条规定了蒸汽和热水供热管道输送干线对设置标志的要求，目的是起警示和提示的作用，避免供热管道遭到意外破坏引起安全事故，保证供热系统安全运行。

【术语定义】

输送干线：自热源至主要负荷区且长度较长，无支干线（或支线）接出的供热干线。

**【条文释义】**

设置供热管道标志可防止在其他管线或道路施工开挖时造成供热管道泄漏。一旦泄漏，不仅停热抢修会影响居民的生活，高温热水或蒸汽还会威胁人员安全。沿管道设置管线标志，可及时发现并识别管道的位置，是防止管道被破坏的有效措施，同时，可提醒人们注意危险因素的存在，从而减少或避免事故的发生。蒸汽供热管道和热水供热管道输送干线是供热系统的重要组成部分，设置供热管线标志还可以方便对供热管网的识别、管理和维护，是提高供热安全管理水平的重要手段。当供热管道标志出现毁损或者安全警示不清的，供热设施运营单位应当及时修复或者更新。

**【实施要点】**

执行过程中，可通过现行行业标准《城镇供热系统标志标准》CJJ/T 220 的规定支撑本条内容的实施。

**【背景与案例】**

供热管线标志应能提示埋地管线的走向及相对位置，可分为地面标志、地上标志和地下标志。地面标志可包含粘贴标志、地砖标志和井盖标志。地上标志包括在供热管线沿线设置的警示桩、转角桩、测试桩和警示牌等永久性标志。地上标志可在桩顶部涂刷不小于 100mm 的逆反光或自发光材料的安全色，以便在夜间或光线不足的情况下都能够比较清晰地看到标志桩，起到警示的作用。地下标志宜采用警示带，并应埋设于管道正上方，警示带应标注企业标志及报警电话。


**4.1.19** 对不符合安全使用条件的供热管道，应及时停止使用，经修复或更新后方可启用。

**【编制目的】**

本条规定了对不符合安全使用条件的供热管道的管理要求，目的是保证供热管道的安全运行。

**【条文释义】**

供热管道介质温度高、压力大，是重要的民生工程，一旦出现安全故障，不仅造成能源浪费，威胁人身安全，还会带来不良的社会影响。供热管网运行的首要条件是保证安全运行，对于不符合安全使用条件的供热管道，不能带病运行，应及时停止使用，并对管道进行修复或更换新管道，隐患消除后方可再次启用。

**【编制依据】**

《国务院办公厅关于加强城市地下管线建设管理的指导意见》（国办发〔2014〕27号）

**【实施要点】**

《国务院办公厅关于加强城市地下管线建设管理的指导意见》（国办发〔2014〕27号）要求：各城市要定期排查地下管线存在的隐患，制定工作计划，限期消除隐患。执行过程中，可通过现行行业标准《城镇供热系统运行维护技术规程》CJJ 88的规定支撑本条内容的实施。

建立管线巡护和隐患排查制度，及时发现危害管线安全的行为或隐患并处理。对存在事故隐患的管线应进行维修、更换和升级改造。特别是老旧管道和出现过安全事故的管道，当不符合安全要求时，根据巡查结果，及时进行维修、更换或升级改造。

**【背景与案例】**

传统的管线巡检通常以人工目视观察为主，老旧管网出现泄漏时主要采取人工现场检测与定位的方式。检漏设备主要有相关仪、听漏仪、红外热成像仪等。随着科技的发展，检测技术和手段越来越多，越来越智能。近年来，一些新的检漏技术在热力管网中开始应用，如超声导波、温度胶囊、飞行球和轨道机器人等，也让管网检测更高效便捷。对于新建管网，可以通过在保温层内设信号线或在管道外设置光纤，可以实时对管道的泄漏进行监测，并可借助数字信息化技术、地理信息系统（GIS）、北斗定位技术提升管网巡检的效率。尤其是长输管网，输送距离长且多处于野外，分布范围广，人工巡检工作量大且不方便。可通过管网监测系统、GIS 及北斗定位系统，在管网运行过程中，对监测到的管网泄漏及安全相关数据实时采集并上传至控制中心，对供热管网高效、科学的运行管理，提升管网安全性有重要作用。管网运营管理方可更直观、快速地了解管网运行状况及安全性，如遇突发事件，可以快速采取应急措施。

**4.1.20** 废弃的供热管道及构筑物应拆除；不能及时拆除时，应采取安全保护措施，不得对公共安全造成危害。

**【编制目的】**

本条规定了废弃供热管道及构筑物的处置要求，目的是防止废弃管道影响在役供热系统的安全运行，避免管道及附属设施坍塌带来的风险以及产生次生灾害。

**【条文释义】**

废弃的供热管道如果与在用管道相连接，会危及在用管道的安全。蒸汽供热管道在启动或者压力波动较大时易引起水击，热水供热管道也会增加泄漏的可能性，因此废弃管道应及时拆除，如果不能及时拆除的，应采取安全保护措施，避免危害公共安全。

**【编制依据】**

《国务院办公厅关于加强城市地下管线建设管理的指导意见》（国办发〔2014〕27号）

**【实施要点】**

《国务院办公厅关于加强城市地下管线建设管理的指导意见》（国办发〔2014〕27号）要求：各城市要定期排查地下管线存在的隐患，制定工作计划，限期消除隐患。加大力度清理拆除占压地下管线的违法建（构）筑物。清查、登记废弃和"无主"管线，明确责任单位，对于存在安全隐患的废弃管线要及时处置，消灭危险源，其余废弃管线应在道路新（改、扩）建时予以拆除。执行过程中，可通过现行行业标准《城镇供热系统运行维护技术规程》CJJ 88 的规定支撑本条内容的实施。

废弃管道应与在役管道进行隔断处理。对于埋地管道，即使进行了隔断处理，由于管线长期处于废弃状态，仍会发生锈蚀或结构强度下降的情况，从而丧失对上部覆土的支撑作用，进而导致路面塌陷。尤其对于管径较大的管道，其影响更大。埋地管道拆除相对难度大、费用高，而且还会影响交通。因此，应根据管径大小，采取拆除、直接废弃、加固等安全防护措施，防止对其他市政设施、建（构）筑物产生危害。架空管道因为拆除难度小，废弃后应该及时拆除。

## 4.2 热力站和中继泵站

**4.2.1** 热水供热管网中继泵和隔压站的位置和性能参数应根据供热管网水力工况确定。

**【编制目的】**

本条规定目的是保证供热管网系统中设施布局合理性，确保系统运行安全。

**【术语定义】**

中继泵站：热水供热管网中根据水力工况要求，在供热干线上设置水泵的设施。

隔压站：将热水管网分成两个相互独立的压力系统，实现传热不传压的设施综合体。

水力工况：热水供热系统中流量和压力的分布状况。

**【条文释义】**

热水供热管网循环泵的设置方案对管网水力工况、调节方式及运行安全影响很大。一般大型的热水供热管网或者地形高程变化大的热水供热管网，应根据管网水力计算的结果绘制水压图，并按需要设置中继泵站，有时甚至需要设置多个中继泵站。

当系统高差较大、经水力计算管道压力超过 2.5MPa 或与市区一级网压力等级难以匹配时，宜设置隔压站。

隔压站只传热不传压，对于现状的城市市区一级网管道，一般压力等级都是 1.6MPa，长输供热管网经常会使用 2.5MPa 压力等级，要与市区一级网管道连接，可能存在压力等级问题，设置隔压站可以解决压力不匹配的问题。目前很多长输供热管网基本都是通过此办法解决压力等级问题和保障事故状态下的管道压力安全。

——热水管网设置中继泵站的作用包括：

1）能够增大供热距离，在不增加管径的前提下，即可保证用户的资用压头，从而节省管网建设投资；

2）管网系统的工作压力可以保持在较低等级范围内，有利于供热管网的安全运行和节省建设投资；

3）在一定条件下可以降低系统能耗；当管网上游端有较多用户时，下游设置的中继泵流量较小，有利于降低供热系统水泵（循环泵、中继泵）总能耗；

4）适应管网地形变化，减小地势较低处管网的工作压力；

5）对整个供热系统工况和管网水力平衡也有一定的好处；

6）整个供热管网有相同的供水温度，可以保证供热管网输送能力和供热品质。

——热水管网设置中继泵站要遵循以下原则：

1）应对整个供热管网进行详细的水力分析，并绘制主干线及支干线的水压图，根据水力计算结果和水压图，才能确定中继泵站的合理位置、泵站数量和水泵扬程；

2）中继泵站不能设在环状管网的环线上，中继泵站设在环线上只能造成管网的环流，不能提升管网的资用压头；

3）优先采用回水加压方式，由于水温较低（一般不超过80℃）可不选用耐高温的水泵，降低建设投资；

4）设置中继泵站需要相应地增加供热系统投资，因此应根据具体情况经过技术经济比较，确定是否设置中继泵站及其泵站数量和位置。

——隔压站设置的原则：

1）满足规划要求，隔压站选址应与城市规划相结合；

2）满足高差要求；

3）隔压站与热源出口及与末端用户的高差要适中；

4）既保证末端用户不超压，又保证隔压站自身压力不超压；

5）隔压站尽量设置在负荷较小处，既可减少初投资，又可减少运行电耗；循环水泵一般设在回水管上；

6）在保证系统安全的前提下，长输供热管网应尽量减少大型隔压站的设置数量。每级隔压站均会降低该隔压站一侧的供热管网供水温度，并抬高另一侧供热管网回水温度，供热管网输送能力降低，并且隔压站本身投资较大，隔压级数过多会显著降低长输系统的经济性。

【实施要点】

设置中继泵和隔压站的原则，既要保证供热系统安全，同时又要具有较好的经济性。中继泵站和隔压站的设置流程如下：

1）计算不含中继泵站、隔压站的水力工况，确定热源合理的供、回水压力，计算得出末端用户的资用压头；

2）确定需要设置加压泵站、隔压站的参数；

3）确定设置中继泵站、隔压站的合理位置。

系统压力最高点的工作压力应根据系统的压力等级，并适当选取一定的裕量后确定。例如：对于压力等级 1.6MPa 的供热系统，系统压力最高点的工作压力宜取 1.3MPa～1.5MPa；对于压力等级 2.5MPa 的供热系统，系统压力最高点的工作压力宜取 2.0MPa～2.3MPa。供热系统的末端用户，如果为普通热力站，则资用压头宜取 0.10MPa～0.15MPa；如果为大型隔压站，则资用压头宜取 0.25MPa～0.30MPa。最高工作压力还应满足动态水力分析结果的要求。

中继泵站系统和隔压站系统特点对比见表 3-9。

表 3-9 中继泵站系统和隔压站系统特点对比

| 系统名称 | 优点 | 缺点 |
|---|---|---|
| 中继泵站系统 | 1. 投资低、运行费低；<br>2. 泵站占地面积小；<br>3. 整个供热管网供热温度相同，可以保证管网输送能力 | 1. 系统复杂、操作难度高；<br>2. 适用地形相对简单；<br>3. 一个定压点，且定压点高 |

续表 3-9

| 系统名称 | 优点 | 缺点 |
|---|---|---|
| 隔压站系统 | 1. 系统简单、操作难度低；<br>2. 适用于各种地形；<br>3. 可设置多条定压线，安全稳定 | 1. 投资高、运行费高；<br>2. 隔压站占地面积大；<br>3. 换热效率低，有热损 |

**【背景与案例】**

国内外城市内大型热水供热管网的设计压力一般在 1.6MPa 等级范围内，当管网的地形高差很大，如果不设置隔压站，则会造成地势低的部分管网运行压力超过 1.6MPa。因此，需要经过水力工况计算，在合适的位置建设隔压站，以保证全部管网的运行压力均不超过 1.6MPa。此外，国内长输供热管网的设计压力一般为 2.5MPa，城市内的一级供热管网的设计压力为 1.6MPa，如果长输供热管网直接与城市内的一级供热管网连接，则市内管网的设计压力有可能要进一步提高，因此，在长输供热管网与现有城市内的一级供热管网相连接的情况下，通常需要建设隔压站。

案例：

市区某供热管道，压力等级 1.6MPa，供热负荷 940MW，供/回温度为 120℃/60℃，管径 DN1400，局部阻力系数取 0.1，从热源到末端距离为 15km。经过计算，供热主管道流量为 13473t/h，管道比摩阻 36Pa/m，考虑局部阻力系数后，平均比摩阻为 40Pa/m。设计供水压力 1.3MPa，回水压力 0.3MPa。在不设置中继泵站的情况下，末端用户的资用压头为 $-20mH_2O$（供水压力小于回水压力），管道水压图如图 3-9 所示。

对于末端普通热力站，需要的资用压头取 $15mH_2O$，则末端热力站的资用压头从之前不设置中继泵站情况下的 $-20mH_2O$ 提高至所需的 $15mH_2O$，需要提高 $35mH_2O$，此值即中继泵站需要提供的压头，即中继泵的扬程。下一步是设置合理的中继泵站

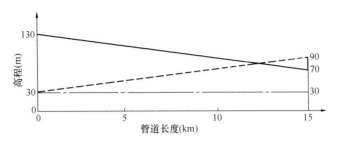

图 3-9　不设置中继泵站管道水压图

的位置。

在水压图上可以找到 $A$ 点，在 $A$ 点设置回水加压泵站，加压后的水压线在中继泵入口压力恰好等于热源厂回水压力 $30\text{mH}_2\text{O}$，如图 3-10 所示。

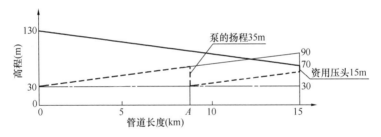

图 3-10　在最近点 $A$ 设置加压泵站管道水压图

中继泵站至热源的最近距离按下式计算：

$$L_\text{A} = 9800\frac{H}{R} \tag{3-3}$$

式中：$L_\text{A}$——中继泵站至热源的最近距离（m）；

$\quad\quad H$——中继水泵的扬程（m）；

$\quad\quad R$——管道的比摩阻（Pa/m）。

加压水泵的扬程是 $35\text{mH}_2\text{O}$，管道的比摩阻是 $40\text{Pa/m}$，则中继泵站至热源的最近距离是 $8.575\text{km}$。

如果在比 $A$ 点距离热源更近的位置 $B$ 点设置中继泵站，则会使中继泵站位置的回水压力低于 $30\text{mH}_2\text{O}$，所以中继泵站的位

置不应比 $A$ 点更近，所以 $A$ 点是中继泵站距离热源的最近点（图 3-11）。

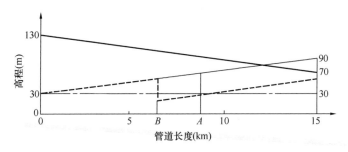

图 3-11　比最近点 $A$ 更近的 $B$ 点设置加压泵站管道水压图

继续计算中继泵站的最远距离。在水压图上可以找到在不设置中继泵站的情况下，实际资用压头等于最小允许资用压头 $15\text{mH}_2\text{O}$ 的点 $C$，则 $C$ 点即为中继泵站所能设置的最远点（图 3-12）。

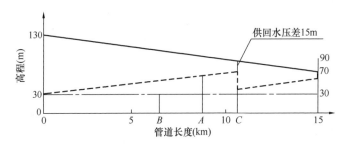

图 3-12　在最远点 $C$ 设置加压泵站管道水压图

中继泵站至热源的最远距离按下式计算：

$$L_c = \frac{9800(H_g - H_h - H_z)}{2R} \tag{3-4}$$

式中：$L_c$——中继泵站至热源的最远距离（m）；

$H_g$——热源出口供水压力（m）$\text{H}_2\text{O}$；

$H_h$——热源出口回水压力（m）$\text{H}_2\text{O}$；

$H_z$——末端热力站所需的资用压头（m）$\text{H}_2\text{O}$。

热源出口供水压力是 130mH$_2$O，回水压力是 30mH$_2$O，末端热力站所需的资用压头是 15mH$_2$O，管道的比摩阻是 40Pa/m，则中继泵站至热源的最远距离是 10.4km。

如果选择中继泵站的位置 D 点比 C 点更远离热源，则在 C 点和 D 点之间的位置引出分支，其供回水压差将会小于最小允许资用压头 15mH$_2$O，这就不满足分支正常运行的需要了。所以，通过以上分析，C 点即为中继泵站能够设置的最远点(图 3-13)。

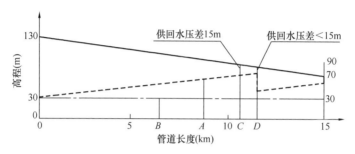

图 3-13　比最远点 C 更远的 D 点设置加压泵站管道水压图

**4.2.2**　蒸汽热力站、站房长度大于 12m 的热水热力站、中继泵站和隔压站的安全出口不应少于 2 个。

【编制目的】

本条规定目的是满足事故时人员安全疏散的需要。

【术语定义】

热力站：用来转换供热介质种类、改变供热介质参数、分配、控制及计量供给热用户热量的综合体。

蒸汽热力站：一次侧为蒸汽的热力站。

热水热力站：一次侧为热水的热力站。

安全出口：供人员安全疏散用的楼梯间和室外楼梯的出入口或直通室外安全区域的出口。

【条文释义】

考虑管网内蒸汽或热水温度高、压力大，事故时便于人员迅速撤离现场，热力站、中继泵站和隔压站应设置安全出口。当热水热力站站房长度大于 12m 时，为便于人员迅速撤离应设置 2个或 2 个以上出口。水温 100℃ 以下的热水热力站由于水温较低，没有热水二次蒸发问题，危险性较低可只设置 1 个出口。蒸汽热力站事故时危险性较大，不应少于 2 个出口。中继泵站和隔压站相对面积较大，都应设置设 2 个或 2 个以上出口。

**【实施要点】**

热水热力站和蒸汽热力站，在站房的两个方向应分别设置安全出口，工艺设备及管道均不应影响疏散通道的通行。通往安全出口的疏散通道及其上部空间 2.2m 范围，不应有障碍物。

两层布置的站房，首层在两个方向应分别设置安全出口，二层在站房的两端设置楼梯，一部室内楼梯，一部直通室外的楼梯，满足正常疏散及事故逃生的通行。

安全出口要分散布置，通往出口的通道上一定要避开工艺设备及管道，确保出现事故时人员能及时从安全出口逃离。疏散通道上部不应有管道或者设备阻挡，防止在紧急疏散时人员不能通行。

**4.2.3** 热水供热管网的中继泵、热源循环泵及相关阀门相互间应进行联锁控制，其供电负荷等级不应低于二级。

**【编制目的】**

本条规定目的是保证供热系统安全运行，各水泵之间协同控制。

**【术语定义】**

中继泵：热水供热管网中根据水力工况要求设置在供热干线上为提高供热介质压力而设置的水泵。

**【条文释义】**

本条根据电力负荷因事故中断供电造成的损失或影响程度对其等级进行定义，从而确定其供电方案。大型供热管网系统设置中继泵站时，其供热系统较为复杂，中继泵与中继泵、中继泵与热源厂循环泵之间均有联锁控制，一旦断电，会使系统产生水锤现象，极易导致管网损坏。

此外，供热系统如果停电将会造成大面积停热，严重影响人民群众的生活，同时对重要的工艺设备产生严重冲击，故规定其用电不应低于二级负荷。管网水力分析时，除按设计工况确定循环泵和中继泵的流量、扬程等参数外，还需要确定以下控制方案：

1）非设计工况（热负荷减少）循环泵和中继泵按一定比例同时调整转数；

2）多热源联网系统只有部分热源运行时循环泵和中继泵转数设定；

3）热源故障停止运行时循环泵和中继泵联锁控制；

4）循环泵或中继泵故障停止运行时的联锁控制；

5）管网其他故障时的联锁控制。

【实施要点】

新建各类型供热系统泵站除从电厂引入直供电外，市政电网提供的电压等级为10kV，为了防止电网不稳定造成对设备的冲击甚至停泵，供电电源要求两路市政专线，可引自同一上级变电站不同主变；当供热面积较大、为城市唯一热源或具备更优的电源条件时，电源宜引自不同上级变电站。当泵站电力负荷较大时，应根据具体负荷情况在泵站建设35kV或110kV专用变电站。

【背景与案例】

某长输供热工程，设置一座中继泵站，站内设置四台加压泵，10kV供电，系统采用单母线分段，两路电源分别引自两个变电站，两路电源同时使用，互为备用。当一路电源故障时，母联开关投切，另一路电源可承担站内所有用电负荷。

**4.2.4** 中继泵进、出口母管之间应设置装有止回阀的旁通管。

【编制目的】

本条规定目的是防止系统水击破坏事故的发生。

**【术语定义】**

止回阀：启闭件（阀瓣）借助介质作用力、自动阻止介质逆流的阀门。

旁通管：与热用户、设备或阀门的管路并联，装有关断阀或止回阀的管段。

**【条文释义】**

热水供热管网中继泵站一般容量较大，当遇到中继泵站突然停电，或误操作关闭管网干线阀门等故障时，瞬态水力冲击能量很大，容易发生水击破坏管网的事故。中继泵站的安全措施包括电源保障、参数监测报警、设备启停控制和联锁、设备及阀门特性、管路设置等多个方面。

本条规定中继泵进、出口母管间应设置装有止回阀的旁通管，主要是利用旁通管减缓停泵时引起的水压力冲击，防止水击破坏管网事故的发生。当旁通管管径与水泵母管管径相同时，可以最大限度地起到防止水击等破坏事故的作用。

**【实施要点】**

中继泵吸入母管和压出母管之间设置旁通管，旁通管的管径与母管等径，并且在旁通管上安装止回阀，以防止水击破坏事故。

止回阀分为升降式、旋启式。升降式水平瓣止回阀只能安装在水平管道上，阀瓣垂直向上；升降式垂直止回阀及旋启式止回阀安装在垂直管道上时，介质流向必须朝上。

**【背景与案例】**

某长输供热管道，分别对中继泵吸入母管与压出母管之间不设置旁通管和设置装有止回阀的旁通管两种工况进行动态水力分析，中继泵组设置装有止回阀的旁通管布置如图 3-14 所示。当中继泵突然停止运行后，中继泵出口管道压力的变化如图 3-15所示。

从图 3-15 可以看出，中继泵停止时，会导致管道压力下降，旁通止回阀的设置能够大大减小管道压力下降的幅度，防止系统

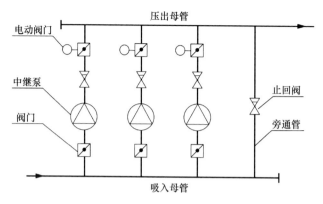

图 3-14　中继泵组设置装有止回阀的旁通管布置图

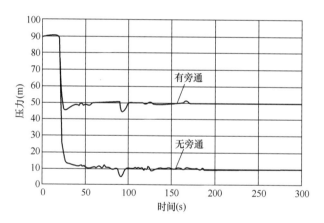

图 3-15　中继泵出口管道压力变化图

中危险点发生汽化和超压的事故。

　　长输管道其中一组中继泵停止时,中继泵吸入母管与压出母管之间不设置旁通止回阀和设置装有止回阀的旁通管两种工况下,长输管道的压力图分别如图 3-16 和图 3-17 所示。

　　从图 3-16 和图 3-17 可以看出,系统高点为危险点(圆圈标示处)。当其中一组中继泵停止时,没有设置旁通止回阀的系统中,危险点处回水压力降低的幅度较大,有发生汽化的危险;设

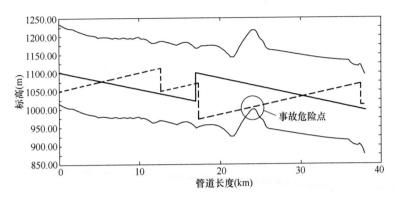

图 3-16　中继泵（无旁通止回阀）停止时长输管道压力图

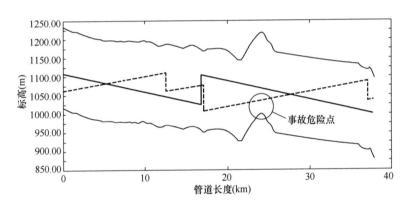

图 3-17　中继泵（装有止回阀的旁通管）停止时长输管道压力图

置装有止回阀旁通管的系统中，危险点处回水压力降低的幅度较小，没有发生汽化的危险。

通过这个实例可以得出，中继泵正常运行时，中继泵出口水压大于入口水压，止回阀自动关闭，系统正常运行。中继泵突然停止时，中继泵内流量迅速下降，中继泵出口水压迅速下降，止回阀打开，旁通管内流量迅速增大，以减小水击波的产生。同时，中继泵停止时，会导致管道压力下降，旁通管的设置能够大大减小管道压力下降的幅度，防止系统中危险点发生汽化和超压。

所以，中继泵吸入母管和压出母管之间应设置装有止回阀的旁通管，且旁通管与母管等径。

**4.2.5** 热力站入口主管道和分支管道上应设置阀门。蒸汽管道减压减温装置后应设置安全阀。

**【编制目的】**

本条规定了热力站进出口管道阀门设置的要求，目的是减少不同用途系统之间的相互影响、提高供热可靠性，防止系统超压事故的发生。

**【术语定义】**

减压减温装置：将高温高压蒸汽（过热）节流、加湿、降温，使之成为较低压力、较低温度蒸汽的装置。

安全阀：安装在设备或管道上，当设备或管道中的介质压力超过规定值时能自动开启卸压的阀门。

**【条文释义】**

热力站是热能交换或分配站，生产工艺、供暖、通风、空调及生活热负荷需要的参数各不相同，而且它们的运行时间也很难做到完全一致，各个分支管道可以单独设置阀门、减压阀、安全阀、流量计等附件，从而实现不同用途系统的分时启停、流量分配、用汽量计量、参数调整等目的，减少不同用途系统之间的互相影响。当某个分支管路出现问题需要检修时，可以单独切断而不影响其他管路系统正常工作，提高了整体供热的可靠性。

蒸汽热力站也是蒸汽转换站，根据热负荷的不同需要，通过减温减压装置可满足不同参数用户的需要，通过换热系统可满足不同介质的需要。当各分支通过减压减温装置使用不同参数的蒸汽时，为避免减压减温装置故障引起系统超压，各个减压减温装置后应设置独立的安全阀。

**【实施要点】**

热力站入口主管道和分支管道单独设置阀门，阀门的类型应根据各系统的要求确定。阀门根据用途和作用可分为 5 类：

1）截断阀类：主要用于截断或接通介质流，包括球阀、蝶阀、闸阀、截止阀等；

2）调节阀类：主要用于调节介质的流量、压力等，包括调节阀、节流阀、减压阀等；

3）止回阀类：用于阻止介质倒流，包括各种结构的止回阀；

4）分流阀类：用于分配、分离或混合介质，包括各种结构的分配阀和疏水阀等；

5）安全阀类：用于超压安全保护，包括各种类型的安全阀。

蒸汽管道减压减温装置后应设置安全阀。安全阀按结构可分为弹簧式、杠杆重锤式及脉冲式，供热管道上使用的大多是弹簧式安全阀。弹簧式安全阀有封闭和不封闭两种，蒸汽管道可选用不封闭式。

安全阀的选择，应由工作压力决定安全阀的公称压力；由工作温度决定安全阀的适用温度范围；由开启压力选择安全阀弹簧；根据安全阀的排放量，计算安全阀喉部面积或直径，选取安全阀的公称直径及型号、个数。蒸汽用安全阀材质根据压力、温度条件选用碳钢阀体，内件采用青铜或不锈钢。全启式安全阀排放量大，多用于蒸汽管道。安全阀的选择和布置应符合下列规定：

1）安全阀应垂直安装；

2）应装设排放管直接排放，排放管应有足够的排放面积；

3）排放管上不允许装设阀门，保证排放畅通；

4）排放管应固定；

5）排放管应接至安全地点；

6）安全阀的开启压力（整定压力）为正常工作压力的 1.1 倍，最低为 1.05 倍。

【背景与案例】

阀门是系统实现不同用途、分时启停、流量分配、参数调节、减少不同系统之间相互影响、提高供热可靠性的关键装置，阀门的正确设置和使用是实现上述功能的重要保障。减压减温器后设置安全阀如图 3-18 所示。供热系统中常用的球阀、蝶阀、安全阀的常见故障及解决方式分别见表 3-9～表 3-11。

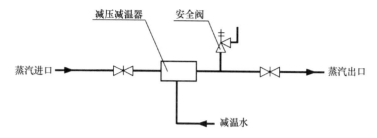

图 3-18　减压减温器后设置安全阀示意

**表 3-10　球阀常见故障及解决方式**

| 序号 | 常见故障 | 故障分析 | 解决方式 |
|---|---|---|---|
| 1 | 阀座泄漏 | 1. 阀门未完全关闭；<br>2. 操作器限位器设定不合适；<br>3. 阀座环运行不正常；<br>4. 安装吊装不当引起阀门的损伤；<br>5. 阀门两端没有做好防护，杂质、沙子等杂质进入阀座；<br>6. 焊接时未做降温措施而烧伤；<br>7. 阀门没有在全开位进行安装 | 1. 操作阀门至全关位置，关断阀门确保泄漏已经停止；<br>2. 适当调整操作器限位器，关断阀门确保泄漏已经停止；<br>3. 清洗冲刷阀座环；<br>4. 检查损伤部位，及时修复；<br>5. 清洗阀门内腔；<br>6. 更换受损伤的部件；<br>7. 检查损伤部位，及时修复 |
| 2 | 阀杆泄漏 | 1. 阀杆螺钉或螺母松动；<br>2. 阀杆密封损坏 | 1. 拧紧阀杆螺钉或螺母阻止泄漏，但不能超过阀门允许的扭矩值；<br>2. 更换阀杆密封 |

| 序号 | 常见故障 | 故障分析 | 解决方式 |
|------|----------|----------|----------|
| 3 | 阀门难以操作 | 1. 齿轮箱上的限位螺栓调整不当;<br>2. 齿轮箱长期不保养,涡轮、蜗杆、轴套锈死;<br>3. 齿轮箱内蜗杆两端止推轴承损坏;<br>4. 齿轮箱开关时,手轮和蜗杆转动,而涡轮及指示牌不动;<br>5. 阀座阻塞;<br>6. 启动时阀腔内试验水结冰 | 1. 联系制造厂家;<br>2. 打开齿轮箱上盖,用腻子刀清理内部污垢,然后用煤油清洗涡轮、蜗杆和轴套,若锈蚀严重,将涡轮、蜗杆、轴套拆卸,彻底清理,然后回装,齿轮箱内抹上锂基润滑脂,与齿轮箱上盖结合;若密封垫损坏,可用中性玻璃胶替代,盖上上盖紧固;<br>3. 打开齿轮箱,卸下蜗杆,更换损坏的止推轴承,然后恢复齿轮箱;<br>4. 打开齿轮箱上盖,查看限位螺栓是否断裂,限位螺栓是否弯曲。若出现断裂或弯曲,将限位螺栓由外向内拆卸,更换损坏的限位螺栓,然后恢复齿轮箱;<br>5. 清洗阀座区域;<br>6. 向阀体和阀颈位置冲洒热水 |

表 3-11　蝶阀常见故障及解决方式

| 序号 | 常见故障 | 故障分析 | 解决方式 |
|------|----------|----------|----------|
| 1 | 密封面泄漏 | 1. 蝶阀的蝶板、密封圈夹有杂物;<br>2. 蝶阀的蝶板、密封关闭位置吻合不正;<br>3. 出口侧配装法兰螺栓受力不均或未压紧;<br>4. 试压方向未按要求 | 1. 清除杂物,清洗阀门内腔;<br>2. 调整涡轮或电动执行器等执行机构的限位螺钉以达到阀门关闭位置正确;<br>3. 检查配装法兰平面及螺栓压紧力,应均匀压紧;<br>4. 按箭头方向进行旋压 |
| 2 | 阀门两端面泄漏 | 1. 两侧密封垫片失效;<br>2. 管法兰压紧力不均或未压紧;<br>3. 连接螺栓松动 | 1. 更换密封垫片;<br>2. 压紧法兰螺栓(均匀用力);<br>3. 紧固连接螺栓 |

续表 3-11

| 序号 | 常见故障 | 故障分析 | 解决方式 |
|---|---|---|---|
| 3 | 填料引起的外漏 | 1. 填料与工作介质的腐蚀性、温度、压力不相适应；<br>2. 装填方法不正确，产生泄漏；<br>3. 阀门填料使用时间较长，老化引起外漏；<br>4. 填料压盖的预紧力不足；<br>5. 填料数量偏少；<br>6. 阀杆表面光洁度不够（拉痕、刮毛和粗糙等缺陷）；<br>7. 填料的选型不当等 | 1. 应选择与工作介质相适应的填料，重新安装；<br>2. 仔细阅读阀门使用说明书，按正确方法装填；<br>3. 应及时更换填料；<br>4. 增加填料压盖的预紧力；<br>5. 增加填料；<br>6. 提高阀杆表面的光洁度；<br>7. 选择合适的填料型号 |
| 4 | 阀门关闭不严引起的内漏 | 1. 阀板与阀杆连接松动，阀杆已到下行程，但阀板却与阀座未紧密贴合；<br>2. 阀杆弯扭，使阀板不能均匀受力，引起密封不严 | 1. 按规范对阀门检修，紧固阀板与阀杆的连接，从而消除故障；<br>2. 应检修或更换阀杆，消除故障 |
| 5 | 阀杆转动不灵活或卡死 | 1. 填料压得过紧；<br>2. 填料安装不规范；<br>3. 阀杆与衬套之间的间隙偏小；<br>4. 阀杆直线度不符合要求 | 1. 均匀调整放松紧固螺栓；<br>2. 取出填料，按规范重新安装填料；<br>3. 用专用工具更换合适的衬套；<br>4. 更换阀杆 |

表 3-12　安全阀常见故障及解决方式

| 序号 | 常见故障 | 故障分析 | 解决方式 |
|---|---|---|---|
| 1 | 安全阀损坏 | 安全阀没有垂直安装，阀门起跳后，导致安全阀主要零件严重损坏，如导套、阀瓣压环、阀瓣、阀座，并且阀瓣不能平稳回座，安全阀损坏 | 安全阀垂直安装 |

| 序号 | 常见故障 | 故障分析 | 解决方式 |
|---|---|---|---|
| 2 | 安全阀频跳 | 1. 安全阀的调节环位置设置不当。如果喷嘴环的位置过低或导向环的位置过高，则安全阀起跳后蒸汽的作用力无法在阀瓣座和调节环所构成的空间内产生足够的托举力使安全阀保持排放状态，从而导致安全阀迅速回座。但是系统压力仍然保持较高水平，因此回座后安全阀会很快再次起跳；<br>2. 安全阀的额定排放量远远大于所需排放量。由于所选的安全阀的喉部面积远远大于所需面积，安全阀排放时过大的排量导致压力容器内局部压力下降过快，而系统本身的超压状态没有得到缓解，使安全阀不得不再次起跳 | 1. 正确设置安全阀的调节环位置；<br>2. 根据所需排放量正确选择安全阀的型号 |
| 3 | 安全阀拒动 | 1. 安全阀整定压力过高；<br>2. 安全阀内落入大量杂质，从而使阀瓣座和导套间卡死或摩擦力过大；<br>3. 弹簧之间夹入杂物使弹簧无法被正常压缩；<br>4. 安全阀安装不当，使安全阀垂直度超过极限范围，从而使阀杆组件在起跳过程中受阻；<br>5. 排放管道没有被可靠支撑或由于管道受热膨胀移位从而对阀体产生扭转力，导致阀体内机构发生偏心而卡死 | 1. 正确设置安全阀的整定压力；<br>2. 消除杂质，清洗阀门内腔；<br>3. 消除弹簧之间的杂质；<br>4. 正确安装安全阀；<br>5. 正确安装排放管道 |

**4.2.6** 供热管道不应进入变配电室，穿过车库或其他设备间时应采取保护措施。蒸汽和高温热水管道不应进入居住用房。

【编制目的】

本条规定了供热管道的敷设要求，目的如下：第一是防止管道泄漏，造成变配电室内电气设备事故；第二是车库中防止管道受外力作用意外损坏，影响供热运行；第三是保证居住用房内人员的安全。

【条文释义】

按照电力系统规范的要求，供热管道也不能进入变配电室，穿过车库或其他设备间时应对管道加强保温措施，一方面有利于节能，另一方面减少对环境产生热污染。必要时应采取防止管道被碰撞损坏的防护措施，如设置警示标牌、防撞设施等。

蒸汽和高温热水介质的管道均属于高危管道，介质一旦泄漏，会造成人员烫伤等严重事故，因此管道不应穿越居住用房。

【实施要点】

管道不得跨越配电柜、配电盘、仪表柜等设备。配电室内除本室需用的管道外，不应有其他管道通过，室内水、汽管道上不应设置阀门和中间接头；散热器应选用整体焊接型；水、汽管道与散热器的连接也应采用焊接连接，并应做等电位联结；配电柜上、下方及电缆沟内不应敷设水、汽管道。

现在比较常见的是居住区或办公区的地下车库，主要是一级网或二级网连接热力站的管道，基本上都是吊顶敷设，二级网如采用塑料管道，其抗冲击能力较弱。首先按照要求原则上都要进行保温，第二是做好安全防护，避免车辆碰撞导致管道或保温层损坏。

蒸汽和高温热水管道禁止进入居住用房，因为人们在居住用房内比较放松，对外界刺激比在非居住场所反应弱，发生蒸汽和高温热水泄漏时，不能及时发现危险，会造成人员烫伤，所以规定蒸汽和高温热水管道不应进入居住用房。

# 第四部分

# 附　　录

# 一、法律

# 中华人民共和国建筑法

(1997 年 11 月 1 日第八届全国人民代表大会常务委员会
第二十八次会议通过
根据 2011 年 4 月 22 日第十一届全国人民代表大会常务委员会
第二十次会议《关于修改〈中华人民共和国建筑法〉
的决定》第一次修正
根据 2019 年 4 月 23 日第十三届全国人民代表大会常务
委员会第十次会议《关于修改〈中华人民共和国建筑法〉
等八部法律的决定》第二次修正)

## 第一章  总  则

**第一条**  为了加强对建筑活动的监督管理，维护建筑市场秩序，保证建筑工程的质量和安全，促进建筑业健康发展，制定本法。

**第二条**  在中华人民共和国境内从事建筑活动，实施对建筑活动的监督管理，应当遵守本法。

本法所称建筑活动，是指各类房屋建筑及其附属设施的建造和与其配套的线路、管道、设备的安装活动。

**第三条**  建筑活动应当确保建筑工程质量和安全，符合国家的建筑工程安全标准。

**第四条**  国家扶持建筑业的发展，支持建筑科学技术研究，提高房屋建筑设计水平，鼓励节约能源和保护环境，提倡采用先进技术、先进设备、先进工艺、新型建筑材料和现代管理方式。

**第五条** 从事建筑活动应当遵守法律、法规，不得损害社会公共利益和他人的合法权益。

任何单位和个人都不得妨碍和阻挠依法进行的建筑活动。

**第六条** 国务院建设行政主管部门对全国的建筑活动实施统一监督管理。

## 第二章 建 筑 许 可

### 第一节 建筑工程施工许可

**第七条** 建筑工程开工前，建设单位应当按照国家有关规定向工程所在地县级以上人民政府建设行政主管部门申请领取施工许可证；但是，国务院建设行政主管部门确定的限额以下的小型工程除外。

按照国务院规定的权限和程序批准开工报告的建筑工程，不再领取施工许可证。

**第八条** 申请领取施工许可证，应当具备下列条件：

（一）已经办理该建筑工程用地批准手续；

（二）依法应当办理建设工程规划许可证的，已经取得建设工程规划许可证；

（三）需要拆迁的，其拆迁进度符合施工要求；

（四）已经确定建筑施工企业；

（五）有满足施工需要的资金安排、施工图纸及技术资料；

（六）有保证工程质量和安全的具体措施。

建设行政主管部门应当自收到申请之日起七日内，对符合条件的申请颁发施工许可证。

**第九条** 建设单位应当自领取施工许可证之日起三个月内开工。因故不能按期开工的，应当向发证机关申请延期；延期以两次为限，每次不超过三个月。既不开工又不申请延期或者超过延期时限的，施工许可证自行废止。

**第十条** 在建的建筑工程因故中止施工的，建设单位应当自中止施工之日起一个月内，向发证机关报告，并按照规定做好建筑工程的维护管理工作。

建筑工程恢复施工时，应当向发证机关报告；中止施工满一年的工程恢复施工前，建设单位应当报发证机关核验施工许可证。

**第十一条** 按照国务院有关规定批准开工报告的建筑工程，因故不能按期开工或者中止施工的，应当及时向批准机关报告情况。因故不能按期开工超过六个月的，应当重新办理开工报告的批准手续。

## 第二节　从业资格

**第十二条** 从事建筑活动的建筑施工企业、勘察单位、设计单位和工程监理单位，应当具备下列条件：

（一）有符合国家规定的注册资本；

（二）有与其从事的建筑活动相适应的具有法定执业资格的专业技术人员；

（三）有从事相关建筑活动所应有的技术装备；

（四）法律、行政法规规定的其他条件。

**第十三条** 从事建筑活动的建筑施工企业、勘察单位、设计单位和工程监理单位，按照其拥有的注册资本、专业技术人员、技术装备和已完成的建筑工程业绩等资质条件，划分为不同的资质等级，经资质审查合格，取得相应等级的资质证书后，方可在其资质等级许可的范围内从事建筑活动。

**第十四条** 从事建筑活动的专业技术人员，应当依法取得相应的执业资格证书，并在执业资格证书许可的范围内从事建筑活动。

# 第三章　建筑工程发包与承包

## 第一节　一般规定

**第十五条**　建筑工程的发包单位与承包单位应当依法订立书面合同，明确双方的权利和义务。

发包单位和承包单位应当全面履行合同约定的义务。不按照合同约定履行义务的，依法承担违约责任。

**第十六条**　建筑工程发包与承包的招标投标活动，应当遵循公开、公正、平等竞争的原则，择优选择承包单位。

建筑工程的招标投标，本法没有规定的，适用有关招标投标法律的规定。

**第十七条**　发包单位及其工作人员在建筑工程发包中不得收受贿赂、回扣或者索取其他好处。

承包单位及其工作人员不得利用向发包单位及其工作人员行贿、提供回扣或者给予其他好处等不正当手段承揽工程。

**第十八条**　建筑工程造价应当按照国家有关规定，由发包单位与承包单位在合同中约定。公开招标发包的，其造价的约定，须遵守招标投标法律的规定。

发包单位应当按照合同的约定，及时拨付工程款项。

## 第二节　发　包

**第十九条**　建筑工程依法实行招标发包，对不适于招标发包的可以直接发包。

**第二十条**　建筑工程实行公开招标的，发包单位应当依照法定程序和方式，发布招标公告，提供载有招标工程的主要技术要求、主要的合同条款、评标的标准和方法以及开标、评标、定标的程序等内容的招标文件。

开标应当在招标文件规定的时间、地点公开进行。开标后应当按照招标文件规定的评标标准和程序对标书进行评价、比较，在具备相应资质条件的投标者中，择优选定中标者。

第二十一条　建筑工程招标的开标、评标、定标由建设单位依法组织实施，并接受有关行政主管部门的监督。

第二十二条　建筑工程实行招标发包的，发包单位应当将建筑工程发包给依法中标的承包单位。建筑工程实行直接发包的，发包单位应当将建筑工程发包给具有相应资质条件的承包单位。

第二十三条　政府及其所属部门不得滥用行政权力，限定发包单位将招标发包的建筑工程发包给指定的承包单位。

第二十四条　提倡对建筑工程实行总承包，禁止将建筑工程肢解发包。

建筑工程的发包单位可以将建筑工程的勘察、设计、施工、设备采购一并发包给一个工程总承包单位，也可以将建筑工程勘察、设计、施工、设备采购的一项或者多项发包给一个工程总承包单位；但是，不得将应当由一个承包单位完成的建筑工程肢解成若干部分发包给几个承包单位。

第二十五条　按照合同约定，建筑材料、建筑构配件和设备由工程承包单位采购的，发包单位不得指定承包单位购入用于工程的建筑材料、建筑构配件和设备或者指定生产厂、供应商。

### 第三节　承　　包

第二十六条　承包建筑工程的单位应当持有依法取得的资质证书，并在其资质等级许可的业务范围内承揽工程。

禁止建筑施工企业超越本企业资质等级许可的业务范围或者以任何形式用其他建筑施工企业的名义承揽工程。禁止建筑施工企业以任何形式允许其他单位或者个人使用本企业的资质证书、营业执照，以本企业的名义承揽工程。

第二十七条　大型建筑工程或者结构复杂的建筑工程，可以由两个以上的承包单位联合共同承包。共同承包的各方对承包合同的履行承担连带责任。

两个以上不同资质等级的单位实行联合共同承包的，应当按照资质等级低的单位的业务许可范围承揽工程。

第二十八条 禁止承包单位将其承包的全部建筑工程转包给他人，禁止承包单位将其承包的全部建筑工程肢解以后以分包的名义分别转包给他人。

第二十九条 建筑工程总承包单位可以将承包工程中的部分工程发包给具有相应资质条件的分包单位；但是，除总承包合同中约定的分包外，必须经建设单位认可。施工总承包的，建筑工程主体结构的施工必须由总承包单位自行完成。

建筑工程总承包单位按照总承包合同的约定对建设单位负责；分包单位按照分包合同的约定对总承包单位负责。总承包单位和分包单位就分包工程对建设单位承担连带责任。

禁止总承包单位将工程分包给不具备相应资质条件的单位。禁止分包单位将其承包的工程再分包。

## 第四章 建筑工程监理

第三十条 国家推行建筑工程监理制度。

国务院可以规定实行强制监理的建筑工程的范围。

第三十一条 实行监理的建筑工程，由建设单位委托具有相应资质条件的工程监理单位监理。建设单位与其委托的工程监理单位应当订立书面委托监理合同。

第三十二条 建筑工程监理应当依照法律、行政法规及有关的技术标准、设计文件和建筑工程承包合同，对承包单位在施工质量、建设工期和建设资金使用等方面，代表建设单位实施监督。

工程监理人员认为工程施工不符合工程设计要求、施工技术标准和合同约定的，有权要求建筑施工企业改正。

工程监理人员发现工程设计不符合建筑工程质量标准或者合同约定的质量要求的，应当报告建设单位要求设计单位改正。

第三十三条 实施建筑工程监理前，建设单位应当将委托的工程监理单位、监理的内容及监理权限，书面通知被监理的建筑施工企业。

**第三十四条** 工程监理单位应当在其资质等级许可的监理范围内，承担工程监理业务。

工程监理单位应当根据建设单位的委托，客观、公正地执行监理任务。

工程监理单位与被监理工程的承包单位以及建筑材料、建筑构配件和设备供应单位不得有隶属关系或者其他利害关系。

工程监理单位不得转让工程监理业务。

**第三十五条** 工程监理单位不按照委托监理合同的约定履行监理义务，对应当监督检查的项目不检查或者不按照规定检查，给建设单位造成损失的，应当承担相应的赔偿责任。

工程监理单位与承包单位串通，为承包单位谋取非法利益，给建设单位造成损失的，应当与承包单位承担连带赔偿责任。

## 第五章　建筑安全生产管理

**第三十六条** 建筑工程安全生产管理必须坚持安全第一、预防为主的方针，建立健全安全生产的责任制度和群防群治制度。

**第三十七条** 建筑工程设计应当符合按照国家规定制定的建筑安全规程和技术规范，保证工程的安全性能。

**第三十八条** 建筑施工企业在编制施工组织设计时，应当根据建筑工程的特点制定相应的安全技术措施；对专业性较强的工程项目，应当编制专项安全施工组织设计，并采取安全技术措施。

**第三十九条** 建筑施工企业应当在施工现场采取维护安全、防范危险、预防火灾等措施；有条件的，应当对施工现场实行封闭管理。

施工现场对毗邻的建筑物、构筑物和特殊作业环境可能造成损害的，建筑施工企业应当采取安全防护措施。

**第四十条** 建设单位应当向建筑施工企业提供与施工现场相关的地下管线资料，建筑施工企业应当采取措施加以保护。

第四十一条　建筑施工企业应当遵守有关环境保护和安全生产的法律、法规的规定，采取控制和处理施工现场的各种粉尘、废气、废水、固体废物以及噪声、振动对环境的污染和危害的措施。

第四十二条　有下列情形之一的，建设单位应当按照国家有关规定办理申请批准手续：

（一）需要临时占用规划批准范围以外场地的；

（二）可能损坏道路、管线、电力、邮电通信等公共设施的；

（三）需要临时停水、停电、中断道路交通的；

（四）需要进行爆破作业的；

（五）法律、法规规定需要办理报批手续的其他情形。

第四十三条　建设行政主管部门负责建筑安全生产的管理，并依法接受劳动行政主管部门对建筑安全生产的指导和监督。

第四十四条　建筑施工企业必须依法加强对建筑安全生产的管理，执行安全生产责任制度，采取有效措施，防止伤亡和其他安全生产事故的发生。

建筑施工企业的法定代表人对本企业的安全生产负责。

第四十五条　施工现场安全由建筑施工企业负责。实行施工总承包的，由总承包单位负责。分包单位向总承包单位负责，服从总承包单位对施工现场的安全生产管理。

第四十六条　建筑施工企业应当建立健全劳动安全生产教育培训制度，加强对职工安全生产的教育培训；未经安全生产教育培训的人员，不得上岗作业。

第四十七条　建筑施工企业和作业人员在施工过程中，应当遵守有关安全生产的法律、法规和建筑行业安全规章、规程，不得违章指挥或者违章作业。作业人员有权对影响人身健康的作业程序和作业条件提出改进意见，有权获得安全生产所需的防护用品。作业人员对危及生命安全和人身健康的行为有权提出批评、检举和控告。

第四十八条　建筑施工企业应当依法为职工参加工伤保险缴

纳工伤保险费。鼓励企业为从事危险作业的职工办理意外伤害保险，支付保险费。

**第四十九条** 涉及建筑主体和承重结构变动的装修工程，建设单位应当在施工前委托原设计单位或者具有相应资质条件的设计单位提出设计方案；没有设计方案的，不得施工。

**第五十条** 房屋拆除应当由具备保证安全条件的建筑施工单位承担，由建筑施工单位负责人对安全负责。

**第五十一条** 施工中发生事故时，建筑施工企业应当采取紧急措施减少人员伤亡和事故损失，并按照国家有关规定及时向有关部门报告。

## 第六章 建筑工程质量管理

**第五十二条** 建筑工程勘察、设计、施工的质量必须符合国家有关建筑工程安全标准的要求，具体管理办法由国务院规定。

有关建筑工程安全的国家标准不能适应确保建筑安全的要求时，应当及时修订。

**第五十三条** 国家对从事建筑活动的单位推行质量体系认证制度。从事建筑活动的单位根据自愿原则可以向国务院产品质量监督管理部门或者国务院产品质量监督管理部门授权的部门认可的认证机构申请质量体系认证。经认证合格的，由认证机构颁发质量体系认证证书。

**第五十四条** 建设单位不得以任何理由，要求建筑设计单位或者建筑施工企业在工程设计或者施工作业中，违反法律、行政法规和建筑工程质量、安全标准，降低工程质量。

建筑设计单位和建筑施工企业对建设单位违反前款规定提出的降低工程质量的要求，应当予以拒绝。

**第五十五条** 建筑工程实行总承包的，工程质量由工程总承包单位负责，总承包单位将建筑工程分包给其他单位的，应当对分包工程的质量与分包单位承担连带责任。分包单位应当接受总承包单位的质量管理。

第五十六条　建筑工程的勘察、设计单位必须对其勘察、设计的质量负责。勘察、设计文件应当符合有关法律、行政法规的规定和建筑工程质量、安全标准、建筑工程勘察、设计技术规范以及合同的约定。设计文件选用的建筑材料、建筑构配件和设备，应当注明其规格、型号、性能等技术指标，其质量要求必须符合国家规定的标准。

第五十七条　建筑设计单位对设计文件选用的建筑材料、建筑构配件和设备，不得指定生产厂、供应商。

第五十八条　建筑施工企业对工程的施工质量负责。

建筑施工企业必须按照工程设计图纸和施工技术标准施工，不得偷工减料。工程设计的修改由原设计单位负责，建筑施工企业不得擅自修改工程设计。

第五十九条　建筑施工企业必须按照工程设计要求、施工技术标准和合同的约定，对建筑材料、建筑构配件和设备进行检验，不合格的不得使用。

第六十条　建筑物在合理使用寿命内，必须确保地基基础工程和主体结构的质量。

建筑工程竣工时，屋顶、墙面不得留有渗漏、开裂等质量缺陷；对已发现的质量缺陷，建筑施工企业应当修复。

第六十一条　交付竣工验收的建筑工程，必须符合规定的建筑工程质量标准，有完整的工程技术经济资料和经签署的工程保修书，并具备国家规定的其他竣工条件。

建筑工程竣工经验收合格后，方可交付使用；未经验收或者验收不合格的，不得交付使用。

第六十二条　建筑工程实行质量保修制度。

建筑工程的保修范围应当包括地基基础工程、主体结构工程、屋面防水工程和其他土建工程，以及电气管线、上下水管线的安装工程，供热、供冷系统工程等项目；保修的期限应当按照保证建筑物合理寿命年限内正常使用，维护使用者合法权益的原则确定。具体的保修范围和最低保修期限由国务院规定。

第六十三条　任何单位和个人对建筑工程的质量事故、质量缺陷都有权向建设行政主管部门或者其他有关部门进行检举、控告、投诉。

## 第七章　法　律　责　任

第六十四条　违反本法规定，未取得施工许可证或者开工报告未经批准擅自施工的，责令改正，对不符合开工条件的责令停止施工，可以处以罚款。

第六十五条　发包单位将工程发包给不具有相应资质条件的承包单位的，或者违反本法规定将建筑工程肢解发包的，责令改正，处以罚款。

超越本单位资质等级承揽工程的，责令停止违法行为，处以罚款，可以责令停业整顿，降低资质等级；情节严重的，吊销资质证书；有违法所得的，予以没收。

未取得资质证书承揽工程的，予以取缔，并处罚款；有违法所得的，予以没收。

以欺骗手段取得资质证书的，吊销资质证书，处以罚款；构成犯罪的，依法追究刑事责任。

第六十六条　建筑施工企业转让、出借资质证书或者以其他方式允许他人以本企业的名义承揽工程的，责令改正，没收违法所得，并处罚款，可以责令停业整顿，降低资质等级；情节严重的，吊销资质证书。对因该项承揽工程不符合规定的质量标准造成的损失，建筑施工企业与使用本企业名义的单位或者个人承担连带赔偿责任。

第六十七条　承包单位将承包的工程转包的，或者违反本法规定进行分包的，责令改正，没收违法所得，并处罚款，可以责令停业整顿，降低资质等级；情节严重的，吊销资质证书。

承包单位有前款规定的违法行为的，对因转包工程或者违法分包的工程不符合规定的质量标准造成的损失，与接受转包或者分包的单位承担连带赔偿责任。

第六十八条　在工程发包与承包中索贿、受贿、行贿，构成犯罪的，依法追究刑事责任；不构成犯罪的，分别处以罚款，没收贿赂的财物，对直接负责的主管人员和其他直接责任人员给予处分。

对在工程承包中行贿的承包单位，除依照前款规定处罚外，可以责令停业整顿，降低资质等级或者吊销资质证书。

第六十九条　工程监理单位与建设单位或者建筑施工企业串通，弄虚作假、降低工程质量的，责令改正，处以罚款，降低资质等级或者吊销资质证书；有违法所得的，予以没收；造成损失的，承担连带赔偿责任；构成犯罪的，依法追究刑事责任。

工程监理单位转让监理业务的，责令改正，没收违法所得，可以责令停业整顿，降低资质等级；情节严重的，吊销资质证书。

第七十条　违反本法规定，涉及建筑主体或者承重结构变动的装修工程擅自施工的，责令改正，处以罚款；造成损失的，承担赔偿责任；构成犯罪的，依法追究刑事责任。

第七十一条　建筑施工企业违反本法规定，对建筑安全事故隐患不采取措施予以消除的，责令改正，可以处以罚款；情节严重的，责令停业整顿，降低资质等级或者吊销资质证书；构成犯罪的，依法追究刑事责任。

建筑施工企业的管理人员违章指挥、强令职工冒险作业，因而发生重大伤亡事故或者造成其他严重后果的，依法追究刑事责任。

第七十二条　建设单位违反本法规定，要求建筑设计单位或者建筑施工企业违反建筑工程质量、安全标准，降低工程质量的，责令改正，可以处以罚款；构成犯罪的，依法追究刑事责任。

第七十三条　建筑设计单位不按照建筑工程质量、安全标准进行设计的，责令改正，处以罚款；造成工程质量事故的，责令停业整顿，降低资质等级或者吊销资质证书，没收违法所得，并处罚款；造成损失的，承担赔偿责任；构成犯罪的，依法追究刑事责任。

第七十四条　建筑施工企业在施工中偷工减料的，使用不合格的建筑材料、建筑构配件和设备的，或者有其他不按照工程设计图纸或者施工技术标准施工的行为的，责令改正，处以罚款；情节严重的，责令停业整顿，降低资质等级或者吊销资质证书；造成建筑工程质量不符合规定的质量标准的，负责返工、修理，并赔偿因此造成的损失；构成犯罪的，依法追究刑事责任。

第七十五条　建筑施工企业违反本法规定，不履行保修义务或者拖延履行保修义务的，责令改正，可以处以罚款，并对在保修期内因屋顶、墙面渗漏、开裂等质量缺陷造成的损失，承担赔偿责任。

第七十六条　本法规定的责令停业整顿、降低资质等级和吊销资质证书的行政处罚，由颁发资质证书的机关决定；其他行政处罚，由建设行政主管部门或者有关部门依照法律和国务院规定的职权范围决定。

依照本法规定被吊销资质证书的，由工商行政管理部门吊销其营业执照。

第七十七条　违反本法规定，对不具备相应资质等级条件的单位颁发该等级资质证书的，由其上级机关责令收回所发的资质证书，对直接负责的主管人员和其他直接责任人员给予行政处分；构成犯罪的，依法追究刑事责任。

第七十八条　政府及其所属部门的工作人员违反本法规定，限定发包单位将招标发包的工程发包给指定的承包单位的，由上级机关责令改正；构成犯罪的，依法追究刑事责任。

第七十九条　负责颁发建筑工程施工许可证的部门及其工作人员对不符合施工条件的建筑工程颁发施工许可证的，负责工程质量监督检查或者竣工验收的部门及其工作人员对不合格的建筑工程出具质量合格文件或者按合格工程验收的，由上级机关责令改正，对责任人员给予行政处分；构成犯罪的，依法追究刑事责任；造成损失的，由该部门承担相应的赔偿责任。

**第八十条**　在建筑物的合理使用寿命内，因建筑工程质量不合格受到损害的，有权向责任者要求赔偿。

## 第八章　附　　则

**第八十一条**　本法关于施工许可、建筑施工企业资质审查和建筑工程发包、承包、禁止转包，以及建筑工程监理、建筑工程安全和质量管理的规定，适用于其他专业建筑工程的建筑活动，具体办法由国务院规定。

**第八十二条**　建设行政主管部门和其他有关部门在对建筑活动实施监督管理中，除按照国务院有关规定收取费用外，不得收取其他费用。

**第八十三条**　省、自治区、直辖市人民政府确定的小型房屋建筑工程的建筑活动，参照本法执行。

依法核定作为文物保护的纪念建筑物和古建筑等的修缮，依照文物保护的有关法律规定执行。

抢险救灾及其他临时性房屋建筑和农民自建低层住宅的建筑活动，不适用本法。

**第八十四条**　军用房屋建筑工程建筑活动的具体管理办法，由国务院、中央军事委员会依据本法制定。

**第八十五条**　本法自 1998 年 3 月 1 日起施行。

# 中华人民共和国标准化法

(1988 年 12 月 29 日第七届全国人民代表大会常务委员会
第五次会议通过
2017 年 11 月 4 日第十二届全国人民代表大会常务委员会
第三十次会议修订)

## 第一章 总 则

**第一条** 为了加强标准化工作,提升产品和服务质量,促进科学技术进步,保障人身健康和生命财产安全,维护国家安全、生态环境安全,提高经济社会发展水平,制定本法。

**第二条** 本法所称标准(含标准样品),是指农业、工业、服务业以及社会事业等领域需要统一的技术要求。

标准包括国家标准、行业标准、地方标准和团体标准、企业标准。国家标准分为强制性标准、推荐性标准,行业标准、地方标准是推荐性标准。

强制性标准必须执行。国家鼓励采用推荐性标准。

**第三条** 标准化工作的任务是制定标准、组织实施标准以及对标准的制定、实施进行监督。

县级以上人民政府应当将标准化工作纳入本级国民经济和社会发展规划,将标准化工作经费纳入本级预算。

**第四条** 制定标准应当在科学技术研究成果和社会实践经验的基础上,深入调查论证,广泛征求意见,保证标准的科学性、规范性、时效性,提高标准质量。

**第五条** 国务院标准化行政主管部门统一管理全国标准化工作。国务院有关行政主管部门分工管理本部门、本行业的标准化工作。

县级以上地方人民政府标准化行政主管部门统一管理本行政区域内的标准化工作。县级以上地方人民政府有关行政主管部门分工管理本行政区域内本部门、本行业的标准化工作。

第六条　国务院建立标准化协调机制，统筹推进标准化重大改革，研究标准化重大政策，对跨部门跨领域、存在重大争议标准的制定和实施进行协调。

设区的市级以上地方人民政府可以根据工作需要建立标准化协调机制，统筹协调本行政区域内标准化工作重大事项。

第七条　国家鼓励企业、社会团体和教育、科研机构等开展或者参与标准化工作。

第八条　国家积极推动参与国际标准化活动，开展标准化对外合作与交流，参与制定国际标准，结合国情采用国际标准，推进中国标准与国外标准之间的转化运用。

国家鼓励企业、社会团体和教育、科研机构等参与国际标准化活动。

第九条　对在标准化工作中做出显著成绩的单位和个人，按照国家有关规定给予表彰和奖励。

## 第二章　标准的制定

第十条　对保障人身健康和生命财产安全、国家安全、生态环境安全以及满足经济社会管理基本需要的技术要求，应当制定强制性国家标准。

国务院有关行政主管部门依据职责负责强制性国家标准的项目提出、组织起草、征求意见和技术审查。国务院标准化行政主管部门负责强制性国家标准的立项、编号和对外通报。国务院标准化行政主管部门应当对拟制定的强制性国家标准是否符合前款规定进行立项审查，对符合前款规定的予以立项。

省、自治区、直辖市人民政府标准化行政主管部门可以向国务院标准化行政主管部门提出强制性国家标准的立项建议，由国务院标准化行政主管部门会同国务院有关行政主管部门决定。社会团体、企业事业组织以及公民可以向国务院标准化行政主管部门提出强制性国家标准的立项建议，国务院标准化行政主管部门认为需要立项的，会同国务院有关行政主管部门决定。

强制性国家标准由国务院批准发布或者授权批准发布。

法律、行政法规和国务院决定对强制性标准的制定另有规定的，从其规定。

**第十一条** 对满足基础通用、与强制性国家标准配套、对各有关行业起引领作用等需要的技术要求，可以制定推荐性国家标准。

推荐性国家标准由国务院标准化行政主管部门制定。

**第十二条** 对没有推荐性国家标准、需要在全国某个行业范围内统一的技术要求，可以制定行业标准。

行业标准由国务院有关行政主管部门制定，报国务院标准化行政主管部门备案。

**第十三条** 为满足地方自然条件、风俗习惯等特殊技术要求，可以制定地方标准。

地方标准由省、自治区、直辖市人民政府标准化行政主管部门制定；设区的市级人民政府标准化行政主管部门根据本行政区域的特殊需要，经所在地省、自治区、直辖市人民政府标准化行政主管部门批准，可以制定本行政区域的地方标准。地方标准由省、自治区、直辖市人民政府标准化行政主管部门报国务院标准化行政主管部门备案，由国务院标准化行政主管部门通报国务院有关行政主管部门。

**第十四条** 对保障人身健康和生命财产安全、国家安全、生态环境安全以及经济社会发展所急需的标准项目，制定标准的行政主管部门应当优先立项并及时完成。

**第十五条** 制定强制性标准、推荐性标准，应当在立项时对有关行政主管部门、企业、社会团体、消费者和教育、科研机构等方面的实际需求进行调查，对制定标准的必要性、可行性进行论证评估；在制定过程中，应当按照便捷有效的原则采取多种方式征求意见，组织对标准相关事项进行调查分析、实验、论证，并做到有关标准之间的协调配套。

第十六条　制定推荐性标准，应当组织由相关方组成的标准化技术委员会，承担标准的起草、技术审查工作。制定强制性标准，可以委托相关标准化技术委员会承担标准的起草、技术审查工作。未组成标准化技术委员会的，应当成立专家组承担相关标准的起草、技术审查工作。标准化技术委员会和专家组的组成应当具有广泛代表性。

第十七条　强制性标准文本应当免费向社会公开。国家推动免费向社会公开推荐性标准文本。

第十八条　国家鼓励学会、协会、商会、联合会、产业技术联盟等社会团体协调相关市场主体共同制定满足市场和创新需要的团体标准，由本团体成员约定采用或者按照本团体的规定供社会自愿采用。

制定团体标准，应当遵循开放、透明、公平的原则，保证各参与主体获取相关信息，反映各参与主体的共同需求，并应当组织对标准相关事项进行调查分析、实验、论证。

国务院标准化行政主管部门会同国务院有关行政主管部门对团体标准的制定进行规范、引导和监督。

第十九条　企业可以根据需要自行制定企业标准，或者与其他企业联合制定企业标准。

第二十条　国家支持在重要行业、战略性新兴产业、关键共性技术等领域利用自主创新技术制定团体标准、企业标准。

第二十一条　推荐性国家标准、行业标准、地方标准、团体标准、企业标准的技术要求不得低于强制性国家标准的相关技术要求。

国家鼓励社会团体、企业制定高于推荐性标准相关技术要求的团体标准、企业标准。

第二十二条　制定标准应当有利于科学合理利用资源，推广科学技术成果，增强产品的安全性、通用性、可替换性，提高经济效益、社会效益、生态效益，做到技术上先进、经济上合理。

禁止利用标准实施妨碍商品、服务自由流通等排除、限制市场竞争的行为。

第二十三条　国家推进标准化军民融合和资源共享，提升军民标准通用化水平，积极推动在国防和军队建设中采用先进适用的民用标准，并将先进适用的军用标准转化为民用标准。

第二十四条　标准应当按照编号规则进行编号。标准的编号规则由国务院标准化行政主管部门制定并公布。

# 第三章　标准的实施

第二十五条　不符合强制性标准的产品、服务，不得生产、销售、进口或者提供。

第二十六条　出口产品、服务的技术要求，按照合同的约定执行。

第二十七条　国家实行团体标准、企业标准自我声明公开和监督制度。企业应当公开其执行的强制性标准、推荐性标准、团体标准或者企业标准的编号和名称；企业执行自行制定的企业标准的，还应当公开产品、服务的功能指标和产品的性能指标。国家鼓励团体标准、企业标准通过标准信息公共服务平台向社会公开。

企业应当按照标准组织生产经营活动，其生产的产品、提供的服务应当符合企业公开标准的技术要求。

第二十八条　企业研制新产品、改进产品，进行技术改造，应当符合本法规定的标准化要求。

第二十九条　国家建立强制性标准实施情况统计分析报告制度。

国务院标准化行政主管部门和国务院有关行政主管部门、设区的市级以上地方人民政府标准化行政主管部门应当建立标准实施信息反馈和评估机制，根据反馈和评估情况对其制定的标准进行复审。标准的复审周期一般不超过五年。经过复审，对不适应经济社会发展需要和技术进步的应当及时修订或者废止。

第三十条　国务院标准化行政主管部门根据标准实施信息反馈、评估、复审情况，对有关标准之间重复交叉或者不衔接配套的，应当会同国务院有关行政主管部门作出处理或者通过国务院标准化协调机制处理。

第三十一条　县级以上人民政府应当支持开展标准化试点示范和宣传工作，传播标准化理念，推广标准化经验，推动全社会运用标准化方式组织生产、经营、管理和服务，发挥标准对促进转型升级、引领创新驱动的支撑作用。

## 第四章　监　督　管　理

第三十二条　县级以上人民政府标准化行政主管部门、有关行政主管部门依据法定职责，对标准的制定进行指导和监督，对标准的实施进行监督检查。

第三十三条　国务院有关行政主管部门在标准制定、实施过程中出现争议的，由国务院标准化行政主管部门组织协商；协商不成的，由国务院标准化协调机制解决。

第三十四条　国务院有关行政主管部门、设区的市级以上地方人民政府标准化行政主管部门未依照本法规定对标准进行编号、复审或者备案的，国务院标准化行政主管部门应当要求其说明情况，并限期改正。

第三十五条　任何单位或者个人有权向标准化行政主管部门、有关行政主管部门举报、投诉违反本法规定的行为。

标准化行政主管部门、有关行政主管部门应当向社会公开受理举报、投诉的电话、信箱或者电子邮件地址，并安排人员受理举报、投诉。对实名举报人或者投诉人，受理举报、投诉的行政主管部门应当告知处理结果，为举报人保密，并按照国家有关规定对举报人给予奖励。

# 第五章　法　律　责　任

**第三十六条**　生产、销售、进口产品或者提供服务不符合强制性标准，或者企业生产的产品、提供的服务不符合其公开标准的技术要求的，依法承担民事责任。

**第三十七条**　生产、销售、进口产品或者提供服务不符合强制性标准的，依照《中华人民共和国产品质量法》、《中华人民共和国进出口商品检验法》、《中华人民共和国消费者权益保护法》等法律、行政法规的规定查处，记入信用记录，并依照有关法律、行政法规的规定予以公示；构成犯罪的，依法追究刑事责任。

**第三十八条**　企业未依照本法规定公开其执行的标准的，由标准化行政主管部门责令限期改正；逾期不改正的，在标准信息公共服务平台上公示。

**第三十九条**　国务院有关行政主管部门、设区的市级以上地方人民政府标准化行政主管部门制定的标准不符合本法第二十一条第一款、第二十二条第一款规定的，应当及时改正；拒不改正的，由国务院标准化行政主管部门公告废止相关标准；对负有责任的领导人员和直接责任人员依法给予处分。

社会团体、企业制定的标准不符合本法第二十一条第一款、第二十二条第一款规定的，由标准化行政主管部门责令限期改正；逾期不改正的，由省级以上人民政府标准化行政主管部门废止相关标准，并在标准信息公共服务平台上公示。

违反本法第二十二条第二款规定，利用标准实施排除、限制市场竞争行为的，依照《中华人民共和国反垄断法》等法律、行政法规的规定处理。

**第四十条**　国务院有关行政主管部门、设区的市级以上地方人民政府标准化行政主管部门未依照本法规定对标准进行编号或者备案，又未依照本法第三十四条的规定改正的，由国务院标准化行政主管部门撤销相关标准编号或者公告废止未备案标准；对负有责任的领导人员和直接责任人员依法给予处分。

国务院有关行政主管部门、设区的市级以上地方人民政府标准化行政主管部门未依照本法规定对其制定的标准进行复审，又未依照本法第三十四条的规定改正的，对负有责任的领导人员和直接责任人员依法给予处分。

第四十一条　国务院标准化行政主管部门未依照本法第十条第二款规定对制定强制性国家标准的项目予以立项，制定的标准不符合本法第二十一条第一款、第二十二条第一款规定，或者未依照本法规定对标准进行编号、复审或者予以备案的，应当及时改正；对负有责任的领导人员和直接责任人员可以依法给予处分。

第四十二条　社会团体、企业未依照本法规定对团体标准或者企业标准进行编号的，由标准化行政主管部门责令限期改正；逾期不改正的，由省级以上人民政府标准化行政主管部门撤销相关标准编号，并在标准信息公共服务平台上公示。

第四十三条　标准化工作的监督、管理人员滥用职权、玩忽职守、徇私舞弊的，依法给予处分；构成犯罪的，依法追究刑事责任。

## 第六章　附　　则

第四十四条　军用标准的制定、实施和监督办法，由国务院、中央军事委员会另行制定。

第四十五条　本法自 2018 年 1 月 1 日起施行。

# 中华人民共和国安全生产法（节选）

（2002 年 6 月 29 日第九届全国人民代表大会常务委员会
第二十八次会议通过
根据 2009 年 8 月 27 日第十一届全国人民代表大会常务委员会
第十次会议《关于修改部分法律的决定》第一次修正
根据 2014 年 8 月 31 日第十二届全国人民代表大会常务委员会
第十次会议《关于修改〈中华人民共和国安全生产法〉的决定》
第二次修正
根据 2021 年 6 月 10 日第十三届全国人民代表大会常务委员会
第二十九次会议《关于修改〈中华人民共和国安全生产法〉
的决定》第三次修正）

## 第一章 总 则

**第一条** 为了加强安全生产工作，防止和减少生产安全事故，保障人民群众生命和财产安全，促进经济社会持续健康发展，制定本法。

**第二条** 在中华人民共和国领域内从事生产经营活动的单位（以下统称生产经营单位）的安全生产，适用本法；有关法律、行政法规对消防安全和道路交通安全、铁路交通安全、水上交通安全、民用航空安全以及核与辐射安全、特种设备安全另有规定的，适用其规定。

**第三条** 安全生产工作坚持中国共产党的领导。

安全生产工作应当以人为本，坚持人民至上、生命至上，把保护人民生命安全摆在首位，树牢安全发展理念，坚持安全第一、预防为主、综合治理的方针，从源头上防范化解重大安全风险。

安全生产工作实行管行业必须管安全、管业务必须管安全、管生产经营必须管安全，强化和落实生产经营单位主体责任与政府监管责任，建立生产经营单位负责、职工参与、政府监管、行业自律和社会监督的机制。

第四条　生产经营单位必须遵守本法和其他有关安全生产的法律、法规，加强安全生产管理，建立健全全员安全生产责任制和安全生产规章制度，加大对安全生产资金、物资、技术、人员的投入保障力度，改善安全生产条件，加强安全生产标准化、信息化建设，构建安全风险分级管控和隐患排查治理双重预防机制，健全风险防范化解机制，提高安全生产水平，确保安全生产。

平台经济等新兴行业、领域的生产经营单位应当根据本行业、领域的特点，建立健全并落实全员安全生产责任制，加强从业人员安全生产教育和培训，履行本法和其他法律、法规规定的有关安全生产义务。

第五条　生产经营单位的主要负责人是本单位安全生产第一责任人，对本单位的安全生产工作全面负责。其他负责人对职责范围内的安全生产工作负责。

第六条　生产经营单位的从业人员有依法获得安全生产保障的权利，并应当依法履行安全生产方面的义务。

第七条　工会依法对安全生产工作进行监督。

生产经营单位的工会依法组织职工参加本单位安全生产工作的民主管理和民主监督，维护职工在安全生产方面的合法权益。生产经营单位制定或者修改有关安全生产的规章制度，应当听取工会的意见。

第八条　国务院和县级以上地方各级人民政府应当根据国民经济和社会发展规划制定安全生产规划，并组织实施。安全生产规划应当与国土空间规划等相关规划相衔接。

各级人民政府应当加强安全生产基础设施建设和安全生产监管能力建设，所需经费列入本级预算。

县级以上地方各级人民政府应当组织有关部门建立完善安全风险评估与论证机制，按照安全风险管控要求，进行产业规划和空间布局，并对位置相邻、行业相近、业态相似的生产经营单位实施重大安全风险联防联控。

第九条 国务院和县级以上地方各级人民政府应当加强对安全生产工作的领导，建立健全安全生产工作协调机制，支持、督促各有关部门依法履行安全生产监督管理职责，及时协调、解决安全生产监督管理中存在的重大问题。

乡镇人民政府和街道办事处，以及开发区、工业园区、港区、风景区等应当明确负责安全生产监督管理的有关工作机构及其职责，加强安全生产监管力量建设，按照职责对本行政区域或者管理区域内生产经营单位安全生产状况进行监督检查，协助人民政府有关部门或者按照授权依法履行安全生产监督管理职责。

第十条 国务院应急管理部门依照本法，对全国安全生产工作实施综合监督管理；县级以上地方各级人民政府应急管理部门依照本法，对本行政区域内安全生产工作实施综合监督管理。

国务院交通运输、住房和城乡建设、水利、民航等有关部门依照本法和其他有关法律、行政法规的规定，在各自的职责范围内对有关行业、领域的安全生产工作实施监督管理；县级以上地方各级人民政府有关部门依照本法和其他有关法律、法规的规定，在各自的职责范围内对有关行业、领域的安全生产工作实施监督管理。对新兴行业、领域的安全生产监督管理职责不明确的，由县级以上地方各级人民政府按照业务相近的原则确定监督管理部门。

应急管理部门和对有关行业、领域的安全生产工作实施监督管理的部门，统称负有安全生产监督管理职责的部门。负有安全生产监督管理职责的部门应当相互配合、齐抓共管、信息共享、资源共用，依法加强安全生产监督管理工作。

第十一条 国务院有关部门应当按照保障安全生产的要求，

依法及时制定有关的国家标准或者行业标准，并根据科技进步和经济发展适时修订。

生产经营单位必须执行依法制定的保障安全生产的国家标准或者行业标准。

第十二条　国务院有关部门按照职责分工负责安全生产强制性国家标准的项目提出、组织起草、征求意见、技术审查。国务院应急管理部门统筹提出安全生产强制性国家标准的立项计划。国务院标准化行政主管部门负责安全生产强制性国家标准的立项、编号、对外通报和授权批准发布工作。国务院标准化行政主管部门、有关部门依据法定职责对安全生产强制性国家标准的实施进行监督检查。

第十三条　各级人民政府及其有关部门应当采取多种形式，加强对有关安全生产的法律、法规和安全生产知识的宣传，增强全社会的安全生产意识。

第十四条　有关协会组织依照法律、行政法规和章程，为生产经营单位提供安全生产方面的信息、培训等服务，发挥自律作用，促进生产经营单位加强安全生产管理。

第十五条　依法设立的为安全生产提供技术、管理服务的机构，依照法律、行政法规和执业准则，接受生产经营单位的委托为其安全生产工作提供技术、管理服务。

生产经营单位委托前款规定的机构提供安全生产技术、管理服务的，保证安全生产的责任仍由本单位负责。

第十六条　国家实行生产安全事故责任追究制度，依照本法和有关法律、法规的规定，追究生产安全事故责任单位和责任人员的法律责任。

第十七条　县级以上各级人民政府应当组织负有安全生产监督管理职责的部门依法编制安全生产权力和责任清单，公开并接受社会监督。

第十八条　国家鼓励和支持安全生产科学技术研究和安全生产先进技术的推广应用，提高安全生产水平。

第十九条　国家对在改善安全生产条件、防止生产安全事故、参加抢险救护等方面取得显著成绩的单位和个人，给予奖励。

## 第二章　生产经营单位的安全生产保障

第二十条　生产经营单位应当具备本法和有关法律、行政法规和国家标准或者行业标准规定的安全生产条件；不具备安全生产条件的，不得从事生产经营活动。

第二十一条　生产经营单位的主要负责人对本单位安全生产工作负有下列职责：

（一）建立健全并落实本单位全员安全生产责任制，加强安全生产标准化建设；

（二）组织制定并实施本单位安全生产规章制度和操作规程；

（三）组织制定并实施本单位安全生产教育和培训计划；

（四）保证本单位安全生产投入的有效实施；

（五）组织建立并落实安全风险分级管控和隐患排查治理双重预防工作机制，督促、检查本单位的安全生产工作，及时消除生产安全事故隐患；

（六）组织制定并实施本单位的生产安全事故应急救援预案；

（七）及时、如实报告生产安全事故。

第二十二条　生产经营单位的全员安全生产责任制应当明确各岗位的责任人员、责任范围和考核标准等内容。

生产经营单位应当建立相应的机制，加强对全员安全生产责任制落实情况的监督考核，保证全员安全生产责任制的落实。

第二十三条　生产经营单位应当具备的安全生产条件所必需的资金投入，由生产经营单位的决策机构、主要负责人或者个人经营的投资人予以保证，并对由于安全生产所必需的资金投入不足导致的后果承担责任。

有关生产经营单位应当按照规定提取和使用安全生产费用，专门用于改善安全生产条件。安全生产费用在成本中据实列支。

安全生产费用提取、使用和监督管理的具体办法由国务院财政部门会同国务院应急管理部门征求国务院有关部门意见后制定。

第二十四条 矿山、金属冶炼、建筑施工、运输单位和危险物品的生产、经营、储存、装卸单位，应当设置安全生产管理机构或者配备专职安全生产管理人员。

前款规定以外的其他生产经营单位，从业人员超过一百人的，应当设置安全生产管理机构或者配备专职安全生产管理人员；从业人员在一百人以下的，应当配备专职或者兼职的安全生产管理人员。

第二十五条 生产经营单位的安全生产管理机构以及安全生产管理人员履行下列职责：

（一）组织或者参与拟订本单位安全生产规章制度、操作规程和生产安全事故应急救援预案；

（二）组织或者参与本单位安全生产教育和培训，如实记录安全生产教育和培训情况；

（三）组织开展危险源辨识和评估，督促落实本单位重大危险源的安全管理措施；

（四）组织或者参与本单位应急救援演练；

（五）检查本单位的安全生产状况，及时排查生产安全事故隐患，提出改进安全生产管理的建议；

（六）制止和纠正违章指挥、强令冒险作业、违反操作规程的行为；

（七）督促落实本单位安全生产整改措施。

生产经营单位可以设置专职安全生产分管负责人，协助本单位主要负责人履行安全生产管理职责。

第二十六条 生产经营单位的安全生产管理机构以及安全生产管理人员应当恪尽职守，依法履行职责。

生产经营单位作出涉及安全生产的经营决策，应当听取安全生产管理机构以及安全生产管理人员的意见。

生产经营单位不得因安全生产管理人员依法履行职责而降低

其工资、福利等待遇或者解除与其订立的劳动合同。

危险物品的生产、储存单位以及矿山、金属冶炼单位的安全生产管理人员的任免，应当告知主管的负有安全生产监督管理职责的部门。

**第二十七条** 生产经营单位的主要负责人和安全生产管理人员必须具备与本单位所从事的生产经营活动相应的安全生产知识和管理能力。

危险物品的生产、经营、储存、装卸单位以及矿山、金属冶炼、建筑施工、运输单位的主要负责人和安全生产管理人员，应当由主管的负有安全生产监督管理职责的部门对其安全生产知识和管理能力考核合格。考核不得收费。

危险物品的生产、储存、装卸单位以及矿山、金属冶炼单位应当有注册安全工程师从事安全生产管理工作。鼓励其他生产经营单位聘用注册安全工程师从事安全生产管理工作。注册安全工程师按专业分类管理，具体办法由国务院人力资源和社会保障部门、国务院应急管理部门会同国务院有关部门制定。

**第二十八条** 生产经营单位应当对从业人员进行安全生产教育和培训，保证从业人员具备必要的安全生产知识，熟悉有关的安全生产规章制度和安全操作规程，掌握本岗位的安全操作技能，了解事故应急处理措施，知悉自身在安全生产方面的权利和义务。未经安全生产教育和培训合格的从业人员，不得上岗作业。

生产经营单位使用被派遣劳动者的，应当将被派遣劳动者纳入本单位从业人员统一管理，对被派遣劳动者进行岗位安全操作规程和安全操作技能的教育和培训。劳务派遣单位应当对被派遣劳动者进行必要的安全生产教育和培训。

生产经营单位接收中等职业学校、高等学校学生实习的，应当对实习学生进行相应的安全生产教育和培训，提供必要的劳动防护用品。学校应当协助生产经营单位对实习学生进行安全生产教育和培训。

生产经营单位应当建立安全生产教育和培训档案，如实记录安全生产教育和培训的时间、内容、参加人员以及考核结果等情况。

**第二十九条** 生产经营单位采用新工艺、新技术、新材料或者使用新设备，必须了解、掌握其安全技术特性，采取有效的安全防护措施，并对从业人员进行专门的安全生产教育和培训。

**第三十条** 生产经营单位的特种作业人员必须按照国家有关规定经专门的安全作业培训，取得相应资格，方可上岗作业。

特种作业人员的范围由国务院应急管理部门会同国务院有关部门确定。

**第三十一条** 生产经营单位新建、改建、扩建工程项目（以下统称建设项目）的安全设施，必须与主体工程同时设计、同时施工、同时投入生产和使用。安全设施投资应当纳入建设项目概算。

**第三十二条** 矿山、金属冶炼建设项目和用于生产、储存、装卸危险物品的建设项目，应当按照国家有关规定进行安全评价。

**第三十三条** 建设项目安全设施的设计人、设计单位应当对安全设施设计负责。

矿山、金属冶炼建设项目和用于生产、储存、装卸危险物品的建设项目的安全设施设计应当按照国家有关规定报经有关部门审查，审查部门及其负责审查的人员对审查结果负责。

**第三十四条** 矿山、金属冶炼建设项目和用于生产、储存、装卸危险物品的建设项目的施工单位必须按照批准的安全设施设计施工，并对安全设施的工程质量负责。

矿山、金属冶炼建设项目和用于生产、储存、装卸危险物品的建设项目竣工投入生产或者使用前，应当由建设单位负责组织对安全设施进行验收；验收合格后，方可投入生产和使用。负有安全生产监督管理职责的部门应当加强对建设单位验收活动和验收结果的监督核查。

第三十五条　生产经营单位应当在有较大危险因素的生产经营场所和有关设施、设备上，设置明显的安全警示标志。

第三十六条　安全设备的设计、制造、安装、使用、检测、维修、改造和报废，应当符合国家标准或者行业标准。

生产经营单位必须对安全设备进行经常性维护、保养，并定期检测，保证正常运转。维护、保养、检测应当作好记录，并由有关人员签字。

生产经营单位不得关闭、破坏直接关系生产安全的监控、报警、防护、救生设备、设施，或者篡改、隐瞒、销毁其相关数据、信息。

餐饮等行业的生产经营单位使用燃气的，应当安装可燃气体报警装置，并保障其正常使用。

第三十七条　生产经营单位使用的危险物品的容器、运输工具，以及涉及人身安全、危险性较大的海洋石油开采特种设备和矿山井下特种设备，必须按照国家有关规定，由专业生产单位生产，并经具有专业资质的检测、检验机构检测、检验合格，取得安全使用证或者安全标志，方可投入使用。检测、检验机构对检测、检验结果负责。

第三十八条　国家对严重危及生产安全的工艺、设备实行淘汰制度，具体目录由国务院应急管理部门会同国务院有关部门制定并公布。法律、行政法规对目录的制定另有规定的，适用其规定。

省、自治区、直辖市人民政府可以根据本地区实际情况制定并公布具体目录，对前款规定以外的危及生产安全的工艺、设备予以淘汰。

生产经营单位不得使用应当淘汰的危及生产安全的工艺、设备。

第三十九条　生产、经营、运输、储存、使用危险物品或者处置废弃危险物品的，由有关主管部门依照有关法律、法规的规定和国家标准或者行业标准审批并实施监督管理。

生产经营单位生产、经营、运输、储存、使用危险物品或者处置废弃危险物品，必须执行有关法律、法规和国家标准或者行业标准，建立专门的安全管理制度，采取可靠的安全措施，接受有关主管部门依法实施的监督管理。

**第四十条** 生产经营单位对重大危险源应当登记建档，进行定期检测、评估、监控，并制定应急预案，告知从业人员和相关人员在紧急情况下应当采取的应急措施。

生产经营单位应当按照国家有关规定将本单位重大危险源及有关安全措施、应急措施报有关地方人民政府应急管理部门和有关部门备案。有关地方人民政府应急管理部门和有关部门应当通过相关信息系统实现信息共享。

**第四十一条** 生产经营单位应当建立安全风险分级管控制度，按照安全风险分级采取相应的管控措施。

生产经营单位应当建立健全并落实生产安全事故隐患排查治理制度，采取技术、管理措施，及时发现并消除事故隐患。事故隐患排查治理情况应当如实记录，并通过职工大会或者职工代表大会、信息公示栏等方式向从业人员通报。其中，重大事故隐患排查治理情况应当及时向负有安全生产监督管理职责的部门和职工大会或者职工代表大会报告。

县级以上地方各级人民政府负有安全生产监督管理职责的部门应当将重大事故隐患纳入相关信息系统，建立健全重大事故隐患治理督办制度，督促生产经营单位消除重大事故隐患。

**第四十二条** 生产、经营、储存、使用危险物品的车间、商店、仓库不得与员工宿舍在同一座建筑物内，并应当与员工宿舍保持安全距离。

生产经营场所和员工宿舍应当设有符合紧急疏散要求、标志明显、保持畅通的出口、疏散通道。禁止占用、锁闭、封堵生产经营场所或者员工宿舍的出口、疏散通道。

**第四十三条** 生产经营单位进行爆破、吊装、动火、临时用电以及国务院应急管理部门会同国务院有关部门规定的其他危险作业，应当安排专门人员进行现场安全管理，确保操作规程的遵守和安全措施的落实。

第四十四条　生产经营单位应当教育和督促从业人员严格执行本单位的安全生产规章制度和安全操作规程；并向从业人员如实告知作业场所和工作岗位存在的危险因素、防范措施以及事故应急措施。

生产经营单位应当关注从业人员的身体、心理状况和行为习惯，加强对从业人员的心理疏导、精神慰藉，严格落实岗位安全生产责任，防范从业人员行为异常导致事故发生。

第四十五条　生产经营单位必须为从业人员提供符合国家标准或者行业标准的劳动防护用品，并监督、教育从业人员按照使用规则佩戴、使用。

第四十六条　生产经营单位的安全生产管理人员应当根据本单位的生产经营特点，对安全生产状况进行经常性检查；对检查中发现的安全问题，应当立即处理；不能处理的，应当及时报告本单位有关负责人，有关负责人应当及时处理。检查及处理情况应当如实记录在案。

生产经营单位的安全生产管理人员在检查中发现重大事故隐患，依照前款规定向本单位有关负责人报告，有关负责人不及时处理的，安全生产管理人员可以向主管的负有安全生产监督管理职责的部门报告，接到报告的部门应当依法及时处理。

第四十七条　生产经营单位应当安排用于配备劳动防护用品、进行安全生产培训的经费。

第四十八条　两个以上生产经营单位在同一作业区域内进行生产经营活动，可能危及对方生产安全的，应当签订安全生产管理协议，明确各自的安全生产管理职责和应当采取的安全措施，并指定专职安全生产管理人员进行安全检查与协调。

第四十九条　生产经营单位不得将生产经营项目、场所、设备发包或者出租给不具备安全生产条件或者相应资质的单位或者个人。

生产经营项目、场所发包或者出租给其他单位的，生产经营单位应当与承包单位、承租单位签订专门的安全生产管理协议，或者在承包合同、租赁合同中约定各自的安全生产管理职责；生产经营单位对承包单位、承租单位的安全生产工作统一协调、管理，定期进行安全检查，发现安全问题的，应当及时督促整改。

矿山、金属冶炼建设项目和用于生产、储存、装卸危险物品的建设项目的施工单位应当加强对施工项目的安全管理，不得倒卖、出租、出借、挂靠或者以其他形式非法转让施工资质，不得将其承包的全部建设工程转包给第三人或者将其承包的全部建设工程肢解以后以分包的名义分别转包给第三人，不得将工程分包给不具备相应资质条件的单位。

第五十条　生产经营单位发生生产安全事故时，单位的主要负责人应当立即组织抢救，并不得在事故调查处理期间擅离职守。

第五十一条　生产经营单位必须依法参加工伤保险，为从业人员缴纳保险费。

国家鼓励生产经营单位投保安全生产责任保险；属于国家规定的高危行业、领域的生产经营单位，应当投保安全生产责任保险。具体范围和实施办法由国务院应急管理部门会同国务院财政部门、国务院保险监督管理机构和相关行业主管部门制定。

## 第三章　从业人员的安全生产权利义务

第五十二条　生产经营单位与从业人员订立的劳动合同，应当载明有关保障从业人员劳动安全、防止职业危害的事项，以及依法为从业人员办理工伤保险的事项。

生产经营单位不得以任何形式与从业人员订立协议，免除或者减轻其对从业人员因生产安全事故伤亡依法应承担的责任。

第五十三条　生产经营单位的从业人员有权了解其作业场所和工作岗位存在的危险因素、防范措施及事故应急措施，有权对本单位的安全生产工作提出建议。

第五十四条　从业人员有权对本单位安全生产工作中存在的问题提出批评、检举、控告；有权拒绝违章指挥和强令冒险作业。

生产经营单位不得因从业人员对本单位安全生产工作提出批评、检举、控告或者拒绝违章指挥、强令冒险作业而降低其工资、福利等待遇或者解除与其订立的劳动合同。

第五十五条　从业人员发现直接危及人身安全的紧急情况时，有权停止作业或者在采取可能的应急措施后撤离作业场所。

生产经营单位不得因从业人员在前款紧急情况下停止作业或者采取紧急撤离措施而降低其工资、福利等待遇或者解除与其订立的劳动合同。

第五十六条　生产经营单位发生生产安全事故后，应当及时采取措施救治有关人员。

因生产安全事故受到损害的从业人员，除依法享有工伤保险外，依照有关民事法律尚有获得赔偿的权利的，有权提出赔偿要求。

第五十七条　从业人员在作业过程中，应当严格落实岗位安全责任，遵守本单位的安全生产规章制度和操作规程，服从管理，正确佩戴和使用劳动防护用品。

第五十八条　从业人员应当接受安全生产教育和培训，掌握本职工作所需的安全生产知识，提高安全生产技能，增强事故预防和应急处理能力。

第五十九条　从业人员发现事故隐患或者其他不安全因素，应当立即向现场安全生产管理人员或者本单位负责人报告；接到报告的人员应当及时予以处理。

第六十条　工会有权对建设项目的安全设施与主体工程同时设计、同时施工、同时投入生产和使用进行监督，提出意见。

工会对生产经营单位违反安全生产法律、法规，侵犯从业人员合法权益的行为，有权要求纠正；发现生产经营单位违章指挥、强令冒险作业或者发现事故隐患时，有权提出解决的建议，生产经营单位应当及时研究答复；发现危及从业人员生命安全的情况时，有权向生产经营单位建议组织从业人员撤离危险场所，生产经营单位必须立即作出处理。

工会有权依法参加事故调查，向有关部门提出处理意见，并要求追究有关人员的责任。

第六十一条　生产经营单位使用被派遣劳动者的，被派遣劳动者享有本法规定的从业人员的权利，并应当履行本法规定的从业人员的义务。

## 第四章　安全生产的监督管理

第六十二条　县级以上地方各级人民政府应当根据本行政区域内的安全生产状况，组织有关部门按照职责分工，对本行政区域内容易发生重大生产安全事故的生产经营单位进行严格检查。

应急管理部门应当按照分类分级监督管理的要求，制定安全生产年度监督检查计划，并按照年度监督检查计划进行监督检查，发现事故隐患，应当及时处理。

第六十三条　负有安全生产监督管理职责的部门依照有关法律、法规的规定，对涉及安全生产的事项需要审查批准（包括批准、核准、许可、注册、认证、颁发证照等，下同）或者验收的，必须严格依照有关法律、法规和国家标准或者行业标准规定的安全生产条件和程序进行审查；不符合有关法律、法规和国家标准或者行业标准规定的安全生产条件的，不得批准或者验收通过。对未依法取得批准或者验收合格的单位擅自从事有关活动的，负责行政审批的部门发现或者接到举报后应当立即予以取缔，并依法予以处理。对已经依法取得批准的单位，负责行政审批的部门发现其不再具备安全生产条件的，应当撤销原批准。

第六十四条　负有安全生产监督管理职责的部门对涉及安全生产的事项进行审查、验收，不得收取费用；不得要求接受审查、验收的单位购买其指定品牌或者指定生产、销售单位的安全设备、器材或者其他产品。

**第六十五条** 应急管理部门和其他负有安全生产监督管理职责的部门依法开展安全生产行政执法工作，对生产经营单位执行有关安全生产的法律、法规和国家标准或者行业标准的情况进行监督检查，行使以下职权：

（一）进入生产经营单位进行检查，调阅有关资料，向有关单位和人员了解情况；

（二）对检查中发现的安全生产违法行为，当场予以纠正或者要求限期改正；对依法应当给予行政处罚的行为，依照本法和其他有关法律、行政法规的规定作出行政处罚决定；

（三）对检查中发现的事故隐患，应当责令立即排除；重大事故隐患排除前或者排除过程中无法保证安全的，应当责令从危险区域内撤出作业人员，责令暂时停产停业或者停止使用相关设施、设备；重大事故隐患排除后，经审查同意，方可恢复生产经营和使用；

（四）对有根据认为不符合保障安全生产的国家标准或者行业标准的设施、设备、器材以及违法生产、储存、使用、经营、运输的危险物品予以查封或者扣押，对违法生产、储存、使用、经营危险物品的作业场所予以查封，并依法作出处理决定。

监督检查不得影响被检查单位的正常生产经营活动。

**第六十六条** 生产经营单位对负有安全生产监督管理职责的部门的监督检查人员（以下统称安全生产监督检查人员）依法履行监督检查职责，应当予以配合，不得拒绝、阻挠。

**第六十七条** 安全生产监督检查人员应当忠于职守，坚持原则，秉公执法。

安全生产监督检查人员执行监督检查任务时，必须出示有效的行政执法证件；对涉及被检查单位的技术秘密和业务秘密，应当为其保密。

**第六十八条** 安全生产监督检查人员应当将检查的时间、地点、内容、发现的问题及其处理情况，作出书面记录，并由检查人员和被检查单位的负责人签字；被检查单位的负责人拒绝签字的，检查人员应当将情况记录在案，并向负有安全生产监督管理职责的部门报告。

第六十九条　负有安全生产监督管理职责的部门在监督检查中，应当互相配合，实行联合检查；确需分别进行检查的，应当互通情况，发现存在的安全问题应当由其他有关部门进行处理的，应当及时移送其他有关部门并形成记录备查，接受移送的部门应当及时进行处理。

第七十条　负有安全生产监督管理职责的部门依法对存在重大事故隐患的生产经营单位作出停产停业、停止施工、停止使用相关设施或者设备的决定，生产经营单位应当依法执行，及时消除事故隐患。生产经营单位拒不执行，有发生生产安全事故的现实危险的，在保证安全的前提下，经本部门主要负责人批准，负有安全生产监督管理职责的部门可以采取通知有关单位停止供电、停止供应民用爆炸物品等措施，强制生产经营单位履行决定。通知应当采用书面形式，有关单位应当予以配合。

负有安全生产监督管理职责的部门依照前款规定采取停止供电措施，除有危及生产安全的紧急情形外，应当提前二十四小时通知生产经营单位。生产经营单位依法履行行政决定、采取相应措施消除事故隐患的，负有安全生产监督管理职责的部门应当及时解除前款规定的措施。

第七十一条　监察机关依照监察法的规定，对负有安全生产监督管理职责的部门及其工作人员履行安全生产监督管理职责实施监察。

第七十二条　承担安全评价、认证、检测、检验职责的机构应当具备国家规定的资质条件，并对其作出的安全评价、认证、检测、检验结果的合法性、真实性负责。资质条件由国务院应急管理部门会同国务院有关部门制定。

承担安全评价、认证、检测、检验职责的机构应当建立并实施服务公开和报告公开制度，不得租借资质、挂靠、出具虚假报告。

第七十三条　负有安全生产监督管理职责的部门应当建立举报制度，公开举报电话、信箱或者电子邮件地址等网络举报平台，受理有关安全生产的举报；受理的举报事项经调查核实后，应当形成书面材料；需要落实整改措施的，报经有关负责人签字并督促落实。对不属于本部门职责，需要由其他有关部门进行调查处理的，转交其他有关部门处理。

涉及人员死亡的举报事项，应当由县级以上人民政府组织核查处理。

第七十四条　任何单位或者个人对事故隐患或者安全生产违法行为，均有权向负有安全生产监督管理职责的部门报告或者举报。

因安全生产违法行为造成重大事故隐患或者导致重大事故，致使国家利益或者社会公共利益受到侵害的，人民检察院可以根据民事诉讼法、行政诉讼法的相关规定提起公益诉讼。

第七十五条　居民委员会、村民委员会发现其所在区域内的生产经营单位存在事故隐患或者安全生产违法行为时，应当向当地人民政府或者有关部门报告。

第七十六条　县级以上各级人民政府及其有关部门对报告重大事故隐患或者举报安全生产违法行为的有功人员，给予奖励。具体奖励办法由国务院应急管理部门会同国务院财政部门制定。

第七十七条　新闻、出版、广播、电影、电视等单位有进行安全生产公益宣传教育的义务，有对违反安全生产法律、法规的行为进行舆论监督的权利。

第七十八条　负有安全生产监督管理职责的部门应当建立安全生产违法行为信息库，如实记录生产经营单位及其有关从业人员的安全生产违法行为信息；对违法行为情节严重的生产经营单位及其有关从业人员，应当及时向社会公告，并通报行业主管部门、投资主管部门、自然资源主管部门、生态环境主管部门、证券监督管理机构以及有关金融机构。有关部门和机构应当对存在失信行为的生产经营单位及其有关从业人员采取加大执法检查频次、暂停项目审批、上调有关保险费率、行业或者职业禁入等联合惩戒措施，并向社会公示。

负有安全生产监督管理职责的部门应当加强对生产经营单位行政处罚信息的及时归集、共享、应用和公开，对生产经营单位作出处罚决定后七个工作日内在监督管理部门公示系统予以公开曝光，强化对违法失信生产经营单位及其有关从业人员的社会监督，提高全社会安全生产诚信水平。

## 第五章  生产安全事故的应急救援与调查处理

**第七十九条**  国家加强生产安全事故应急能力建设，在重点行业、领域建立应急救援基地和应急救援队伍，并由国家安全生产应急救援机构统一协调指挥；鼓励生产经营单位和其他社会力量建立应急救援队伍，配备相应的应急救援装备和物资，提高应急救援的专业化水平。

国务院应急管理部门牵头建立全国统一的生产安全事故应急救援信息系统，国务院交通运输、住房和城乡建设、水利、民航等有关部门和县级以上地方人民政府建立健全相关行业、领域、地区的生产安全事故应急救援信息系统，实现互联互通、信息共享，通过推行网上安全信息采集、安全监管和监测预警，提升监管的精准化、智能化水平。

**第八十条**  县级以上地方各级人民政府应当组织有关部门制定本行政区域内生产安全事故应急救援预案，建立应急救援体系。

乡镇人民政府和街道办事处，以及开发区、工业园区、港区、风景区等应当制定相应的生产安全事故应急救援预案，协助人民政府有关部门或者按照授权依法履行生产安全事故应急救援工作职责。

**第八十一条**  生产经营单位应当制定本单位生产安全事故应急救援预案，与所在地县级以上地方人民政府组织制定的生产安全事故应急救援预案相衔接，并定期组织演练。

第八十二条　危险物品的生产、经营、储存单位以及矿山、金属冶炼、城市轨道交通运营、建筑施工单位应当建立应急救援组织；生产经营规模较小的，可以不建立应急救援组织，但应当指定兼职的应急救援人员。

危险物品的生产、经营、储存、运输单位以及矿山、金属冶炼、城市轨道交通运营、建筑施工单位应当配备必要的应急救援器材、设备和物资，并进行经常性维护、保养，保证正常运转。

第八十三条　生产经营单位发生生产安全事故后，事故现场有关人员应当立即报告本单位负责人。

单位负责人接到事故报告后，应当迅速采取有效措施，组织抢救，防止事故扩大，减少人员伤亡和财产损失，并按照国家有关规定立即如实报告当地负有安全生产监督管理职责的部门，不得隐瞒不报、谎报或者迟报，不得故意破坏事故现场、毁灭有关证据。

第八十四条　负有安全生产监督管理职责的部门接到事故报告后，应当立即按照国家有关规定上报事故情况。负有安全生产监督管理职责的部门和有关地方人民政府对事故情况不得隐瞒不报、谎报或者迟报。

第八十五条　有关地方人民政府和负有安全生产监督管理职责的部门的负责人接到生产安全事故报告后，应当按照生产安全事故应急救援预案的要求立即赶到事故现场，组织事故抢救。

参与事故抢救的部门和单位应当服从统一指挥，加强协同联动，采取有效的应急救援措施，并根据事故救援的需要采取警戒、疏散等措施，防止事故扩大和次生灾害的发生，减少人员伤亡和财产损失。

事故抢救过程中应当采取必要措施，避免或者减少对环境造成的危害。

任何单位和个人都应当支持、配合事故抢救，并提供一切便利条件。

第八十六条　事故调查处理应当按照科学严谨、依法依规、实事求是、注重实效的原则，及时、准确地查清事故原因，查明事故性质和责任，评估应急处置工作，总结事故教训，提出整改措施，并对事故责任单位和人员提出处理建议。事故调查报告应当依法及时向社会公布。事故调查和处理的具体办法由国务院制定。

事故发生单位应当及时全面落实整改措施，负有安全生产监督管理职责的部门应当加强监督检查。

负责事故调查处理的国务院有关部门和地方人民政府应当在批复事故调查报告后一年内，组织有关部门对事故整改和防范措施落实情况进行评估，并及时向社会公开评估结果；对不履行职责导致事故整改和防范措施没有落实的有关单位和人员，应当按照有关规定追究责任。

**第八十七条** 生产经营单位发生生产安全事故，经调查确定为责任事故的，除了应当查明事故单位的责任并依法予以追究外，还应当查明对安全生产的有关事项负有审查批准和监督职责的行政部门的责任，对有失职、渎职行为的，依照本法第九十条的规定追究法律责任。

**第八十八条** 任何单位和个人不得阻挠和干涉对事故的依法调查处理。

**第八十九条** 县级以上地方各级人民政府应急管理部门应当定期统计分析本行政区域内发生生产安全事故的情况，并定期向社会公布。

# 中华人民共和国节约能源法（节选）

（1997 年 11 月 1 日第八届全国人民代表大会常务委员会
第二十八次会议通过
2007 年 10 月 28 日第十届全国人民代表大会常务委员会
第三十次会议修订
根据 2016 年 7 月 2 日第十二届全国人民代表大会常务委员会
第二十一次会议《关于修改〈中华人民共和国节约能源法〉
等六部法律的决定》第一次修正
根据 2018 年 10 月 26 日第十三届全国人民代表大会常务委员会
第六次会议《关于修改〈中华人民共和国野生动物保护法〉
等十五部法律的决定》第二次修正）

## 第一章 总 则

**第一条** 为了推动全社会节约能源，提高能源利用效率，保护和改善环境，促进经济社会全面协调可持续发展，制定本法。

**第二条** 本法所称能源，是指煤炭、石油、天然气、生物质能和电力、热力以及其他直接或者通过加工、转换而取得有用能的各种资源。

**第三条** 本法所称节约能源（以下简称节能），是指加强用能管理，采取技术上可行、经济上合理以及环境和社会可以承受的措施，从能源生产到消费的各个环节，降低消耗、减少损失和污染物排放、制止浪费，有效、合理地利用能源。

**第四条** 节约资源是我国的基本国策。国家实施节约与开发并举、把节约放在首位的能源发展战略。

**第五条** 国务院和县级以上地方各级人民政府应当将节能工作纳入国民经济和社会发展规划、年度计划，并组织编制和实施节能中长期专项规划、年度节能计划。

国务院和县级以上地方各级人民政府每年向本级人民代表大会或者其常务委员会报告节能工作。

**第六条** 国家实行节能目标责任制和节能考核评价制度，将节能目标完成情况作为对地方人民政府及其负责人考核评价的内容。

省、自治区、直辖市人民政府每年向国务院报告节能目标责任的履行情况。

**第七条** 国家实行有利于节能和环境保护的产业政策，限制发展高耗能、高污染行业，发展节能环保型产业。

国务院和省、自治区、直辖市人民政府应当加强节能工作，合理调整产业结构、企业结构、产品结构和能源消费结构，推动企业降低单位产值能耗和单位产品能耗，淘汰落后的生产能力，改进能源的开发、加工、转换、输送、储存和供应，提高能源利用效率。

国家鼓励、支持开发和利用新能源、可再生能源。

**第八条** 国家鼓励、支持节能科学技术的研究、开发、示范和推广，促进节能技术创新与进步。

国家开展节能宣传和教育，将节能知识纳入国民教育和培训体系，普及节能科学知识，增强全民的节能意识，提倡节约型的消费方式。

**第九条** 任何单位和个人都应当依法履行节能义务，有权检举浪费能源的行为。

新闻媒体应当宣传节能法律、法规和政策，发挥舆论监督作用。

**第十条** 国务院管理节能工作的部门主管全国的节能监督管理工作。国务院有关部门在各自的职责范围内负责节能监督管理工作，并接受国务院管理节能工作的部门的指导。

县级以上地方各级人民政府管理节能工作的部门负责本行政区域内的节能监督管理工作。县级以上地方各级人民政府有关部门在各自的职责范围内负责节能监督管理工作，并接受同级管理节能工作的部门的指导。

## 第二章 节 能 管 理

**第十一条** 国务院和县级以上地方各级人民政府应当加强对节能工作的领导，部署、协调、监督、检查、推动节能工作。

**第十二条** 县级以上人民政府管理节能工作的部门和有关部门应当在各自的职责范围内，加强对节能法律、法规和节能标准执行情况的监督检查，依法查处违法用能行为。

履行节能监督管理职责不得向监督管理对象收取费用。

**第十三条** 国务院标准化主管部门和国务院有关部门依法组织制定并适时修订有关节能的国家标准、行业标准，建立健全节能标准体系。

国务院标准化主管部门会同国务院管理节能工作的部门和国务院有关部门制定强制性的用能产品、设备能源效率标准和生产过程中耗能高的产品的单位产品能耗限额标准。

国家鼓励企业制定严于国家标准、行业标准的企业节能标准。

省、自治区、直辖市制定严于强制性国家标准、行业标准的地方节能标准，由省、自治区、直辖市人民政府报经国务院批准；本法另有规定的除外。

**第十四条** 建筑节能的国家标准、行业标准由国务院建设主管部门组织制定，并依照法定程序发布。

省、自治区、直辖市人民政府建设主管部门可以根据本地实际情况，制定严于国家标准或者行业标准的地方建筑节能标准，并报国务院标准化主管部门和国务院建设主管部门备案。

**第十五条** 国家实行固定资产投资项目节能评估和审查制度。不符合强制性节能标准的项目，建设单位不得开工建设；已经建成的，不得投入生产、使用。政府投资项目不符合强制性节能标准的，依法负责项目审批的机关不得批准建设。具体办法由国务院管理节能工作的部门会同国务院有关部门制定。

第十六条 国家对落后的耗能过高的用能产品、设备和生产工艺实行淘汰制度。淘汰的用能产品、设备、生产工艺的目录和实施办法,由国务院管理节能工作的部门会同国务院有关部门制定并公布。

生产过程中耗能高的产品的生产单位,应当执行单位产品能耗限额标准。对超过单位产品能耗限额标准用能的生产单位,由管理节能工作的部门按照国务院规定的权限责令限期治理。

对高耗能的特种设备,按照国务院的规定实行节能审查和监管。

第十七条 禁止生产、进口、销售国家明令淘汰或者不符合强制性能源效率标准的用能产品、设备;禁止使用国家明令淘汰的用能设备、生产工艺。

第十八条 国家对家用电器等使用面广、耗能量大的用能产品,实行能源效率标识管理。实行能源效率标识管理的产品目录和实施办法,由国务院管理节能工作的部门会同国务院市场监督管理部门制定并公布。

第十九条 生产者和进口商应当对列入国家能源效率标识管理产品目录的用能产品标注能源效率标识,在产品包装物上或者说明书中予以说明,并按照规定报国务院市场监督管理部门和国务院管理节能工作的部门共同授权的机构备案。

生产者和进口商应当对其标注的能源效率标识及相关信息的准确性负责。禁止销售应当标注而未标注能源效率标识的产品。

禁止伪造、冒用能源效率标识或者利用能源效率标识进行虚假宣传。

第二十条 用能产品的生产者、销售者,可以根据自愿原则,按照国家有关节能产品认证的规定,向经国务院认证认可监督管理部门认可的从事节能产品认证的机构提出节能产品认证申请;经认证合格后,取得节能产品认证证书,可以在用能产品或者其包装物上使用节能产品认证标志。

禁止使用伪造的节能产品认证标志或者冒用节能产品认证标志。

**第二十一条** 县级以上各级人民政府统计部门应当会同同级有关部门，建立健全能源统计制度，完善能源统计指标体系，改进和规范能源统计方法，确保能源统计数据真实、完整。

国务院统计部门会同国务院管理节能工作的部门，定期向社会公布各省、自治区、直辖市以及主要耗能行业的能源消费和节能情况等信息。

**第二十二条** 国家鼓励节能服务机构的发展，支持节能服务机构开展节能咨询、设计、评估、检测、审计、认证等服务。

国家支持节能服务机构开展节能知识宣传和节能技术培训，提供节能信息、节能示范和其他公益性节能服务。

**第二十三条** 国家鼓励行业协会在行业节能规划、节能标准的制定和实施、节能技术推广、能源消费统计、节能宣传培训和信息咨询等方面发挥作用。

## 第三章 合理使用与节约能源

### 第一节 一般规定

**第二十四条** 用能单位应当按照合理用能的原则，加强节能管理，制定并实施节能计划和节能技术措施，降低能源消耗。

**第二十五条** 用能单位应当建立节能目标责任制，对节能工作取得成绩的集体、个人给予奖励。

**第二十六条** 用能单位应当定期开展节能教育和岗位节能培训。

**第二十七条** 用能单位应当加强能源计量管理，按照规定配备和使用经依法检定合格的能源计量器具。

用能单位应当建立能源消费统计和能源利用状况分析制度，对各类能源的消费实行分类计量和统计，并确保能源消费统计数据真实、完整。

第二十八条　能源生产经营单位不得向本单位职工无偿提供能源。任何单位不得对能源消费实行包费制。

### 第二节　工业节能

第二十九条　国务院和省、自治区、直辖市人民政府推进能源资源优化开发利用和合理配置，推进有利于节能的行业结构调整，优化用能结构和企业布局。

第三十条　国务院管理节能工作的部门会同国务院有关部门制定电力、钢铁、有色金属、建材、石油加工、化工、煤炭等主要耗能行业的节能技术政策，推动企业节能技术改造。

第三十一条　国家鼓励工业企业采用高效、节能的电动机、锅炉、窑炉、风机、泵类等设备，采用热电联产、余热余压利用、洁净煤以及先进的用能监测和控制等技术。

第三十二条　电网企业应当按照国务院有关部门制定的节能发电调度管理的规定，安排清洁、高效和符合规定的热电联产、利用余热余压发电的机组以及其他符合资源综合利用规定的发电机组与电网并网运行，上网电价执行国家有关规定。

第三十三条　禁止新建不符合国家规定的燃煤发电机组、燃油发电机组和燃煤热电机组。

### 第三节　建筑节能

第三十四条　国务院建设主管部门负责全国建筑节能的监督管理工作。

县级以上地方各级人民政府建设主管部门负责本行政区域内建筑节能的监督管理工作。

县级以上地方各级人民政府建设主管部门会同同级管理节能工作的部门编制本行政区域内的建筑节能规划。建筑节能规划应当包括既有建筑节能改造计划。

第三十五条　建筑工程的建设、设计、施工和监理单位应当遵守建筑节能标准。

不符合建筑节能标准的建筑工程，建设主管部门不得批准开工建设；已经开工建设的，应当责令停止施工、限期改正；已经建成的，不得销售或者使用。

建设主管部门应当加强对在建建筑工程执行建筑节能标准情况的监督检查。

**第三十六条** 房地产开发企业在销售房屋时，应当向购买人明示所售房屋的节能措施、保温工程保修期等信息，在房屋买卖合同、质量保证书和使用说明书中载明，并对其真实性、准确性负责。

**第三十七条** 使用空调采暖、制冷的公共建筑应当实行室内温度控制制度。具体办法由国务院建设主管部门制定。

**第三十八条** 国家采取措施，对实行集中供热的建筑分步骤实行供热分户计量、按照用热量收费的制度。新建建筑或者对既有建筑进行节能改造，应当按照规定安装用热计量装置、室内温度调控装置和供热系统调控装置。具体办法由国务院建设主管部门会同国务院有关部门制定。

**第三十九条** 县级以上地方各级人民政府有关部门应当加强城市节约用电管理，严格控制公用设施和大型建筑物装饰性景观照明的能耗。

**第四十条** 国家鼓励在新建建筑和既有建筑节能改造中使用新型墙体材料等节能建筑材料和节能设备，安装和使用太阳能等可再生能源利用系统。

第四节　交通运输节能（略）

第五节　公共机构节能（略）

第六节　重点用能单位节能（略）

# 第四章　节能技术进步

第五十六条　国务院管理节能工作的部门会同国务院科技主管部门发布节能技术政策大纲，指导节能技术研究、开发和推广应用。

第五十七条　县级以上各级人民政府应当把节能技术研究开发作为政府科技投入的重点领域，支持科研单位和企业开展节能技术应用研究，制定节能标准，开发节能共性和关键技术，促进节能技术创新与成果转化。

第五十八条　国务院管理节能工作的部门会同国务院有关部门制定并公布节能技术、节能产品的推广目录，引导用能单位和个人使用先进的节能技术、节能产品。

国务院管理节能工作的部门会同国务院有关部门组织实施重大节能科研项目、节能示范项目、重点节能工程。

第五十九条　县级以上各级人民政府应当按照因地制宜、多能互补、综合利用、讲求效益的原则，加强农业和农村节能工作，增加对农业和农村节能技术、节能产品推广应用的资金投入。

农业、科技等有关主管部门应当支持、推广在农业生产、农产品加工储运等方面应用节能技术和节能产品，鼓励更新和淘汰高耗能的农业机械和渔业船舶。

国家鼓励、支持在农村大力发展沼气，推广生物质能、太阳能和风能等可再生能源利用技术，按照科学规划、有序开发的原则发展小型水力发电，推广节能型的农村住宅和炉灶等，鼓励利用非耕地种植能源植物，大力发展薪炭林等能源林。

# 二、行政法规

## 建设工程质量管理条例（节选）

（2000年1月30日中华人民共和国国务院令第279号发布
根据2017年10月7日《国务院关于修改部分行政法规的决定》
第一次修订
根据2019年4月23日《国务院关于修改部分行政法规的决定》
第二次修订）

## 第一章　总　　则

**第一条**　为了加强对建设工程质量的管理，保证建设工程质量，保护人民生命和财产安全，根据《中华人民共和国建筑法》，制定本条例。

**第二条**　凡在中华人民共和国境内从事建设工程的新建、扩建、改建等有关活动及实施对建设工程质量监督管理的，必须遵守本条例。

本条例所称建设工程，是指土木工程、建筑工程、线路管道和设备安装工程及装修工程。

**第三条**　建设单位、勘察单位、设计单位、施工单位、工程监理单位依法对建设工程质量负责。

**第四条**　县级以上人民政府建设行政主管部门和其他有关部门应当加强对建设工程质量的监督管理。

**第五条**　从事建设工程活动，必须严格执行基本建设程序，坚持先勘察、后设计、再施工的原则。

县级以上人民政府及其有关部门不得超越权限审批建设项目或者擅自简化基本建设程序。

**第六条** 国家鼓励采用先进的科学技术和管理方法，提高建设工程质量。

## 第二章 建设单位的质量责任和义务

**第七条** 建设单位应当将工程发包给具有相应资质等级的单位。

建设单位不得将建设工程肢解发包。

**第八条** 建设单位应当依法对工程建设项目的勘察、设计、施工、监理以及与工程建设有关的重要设备、材料等的采购进行招标。

**第九条** 建设单位必须向有关的勘察、设计、施工、工程监理等单位提供与建设工程有关的原始资料。

原始资料必须真实、准确、齐全。

**第十条** 建设工程发包单位，不得迫使承包方以低于成本的价格竞标，不得任意压缩合理工期。

建设单位不得明示或者暗示设计单位或者施工单位违反工程建设强制性标准，降低建设工程质量。

**第十一条** 施工图设计文件审查的具体办法，由国务院建设行政主管部门、国务院其他有关部门制定。

施工图设计文件未经审查批准的，不得使用。

**第十二条** 实行监理的建设工程，建设单位应当委托具有相应资质等级的工程监理单位进行监理，也可以委托具有工程监理相应资质等级并与被监理工程的施工承包单位没有隶属关系或者其他利害关系的该工程的设计单位进行监理。

下列建设工程必须实行监理：

（一）国家重点建设工程；

（二）大中型公用事业工程；

（三）成片开发建设的住宅小区工程；

（四）利用外国政府或者国际组织贷款、援助资金的工程；

（五）国家规定必须实行监理的其他工程。

**第十三条** 建设单位在开工前，应当按照国家有关规定办理工程质量监督手续，工程质量监督手续可以与施工许可证或者开工报告合并办理。

**第十四条** 按照合同约定，由建设单位采购建筑材料、建筑构配件和设备的，建设单位应当保证建筑材料、建筑构配件和设备符合设计文件和合同要求。

建设单位不得明示或者暗示施工单位使用不合格的建筑材料、建筑构配件和设备。

**第十五条** 涉及建筑主体和承重结构变动的装修工程，建设单位应当在施工前委托原设计单位或者具有相应资质等级的设计单位提出设计方案；没有设计方案的，不得施工。

房屋建筑使用者在装修过程中，不得擅自变动房屋建筑主体和承重结构。

**第十六条** 建设单位收到建设工程竣工报告后，应当组织设计、施工、工程监理等有关单位进行竣工验收。

建设工程竣工验收应当具备下列条件：

（一）完成建设工程设计和合同约定的各项内容；

（二）有完整的技术档案和施工管理资料；

（三）有工程使用的主要建筑材料、建筑构配件和设备的进场试验报告；

（四）有勘察、设计、施工、工程监理等单位分别签署的质量合格文件；

（五）有施工单位签署的工程保修书。

建设工程经验收合格的，方可交付使用。

**第十七条** 建设单位应当严格按照国家有关档案管理的规定，及时收集、整理建设项目各环节的文件资料，建立、健全建设项目档案，并在建设工程竣工验收后，及时向建设行政主管部门或者其他有关部门移交建设项目档案。

## 第三章　勘察、设计单位的质量责任和义务

第十八条　从事建设工程勘察、设计的单位应当依法取得相应等级的资质证书，并在其资质等级许可的范围内承揽工程。

禁止勘察、设计单位超越其资质等级许可的范围或者以其他勘察、设计单位的名义承揽工程。禁止勘察、设计单位允许其他单位或者个人以本单位的名义承揽工程。

勘察、设计单位不得转包或者违法分包所承揽的工程。

第十九条　勘察、设计单位必须按照工程建设强制性标准进行勘察、设计，并对其勘察、设计的质量负责。

注册建筑师、注册结构工程师等注册执业人员应当在设计文件上签字，对设计文件负责。

第二十条　勘察单位提供的地质、测量、水文等勘察成果必须真实、准确。

第二十一条　设计单位应当根据勘察成果文件进行建设工程设计。

设计文件应当符合国家规定的设计深度要求，注明工程合理使用年限。

第二十二条　设计单位在设计文件中选用的建筑材料、建筑构配件和设备，应当注明规格、型号、性能等技术指标，其质量要求必须符合国家规定的标准。

除有特殊要求的建筑材料、专用设备、工艺生产线等外，设计单位不得指定生产厂、供应商。

第二十三条　设计单位应当就审查合格的施工图设计文件向施工单位作出详细说明。

第二十四条　设计单位应当参与建设工程质量事故分析，并对因设计造成的质量事故，提出相应的技术处理方案。

## 第四章　施工单位的质量责任和义务

第二十五条　施工单位应当依法取得相应等级的资质证书，

并在其资质等级许可的范围内承揽工程。

禁止施工单位超越本单位资质等级许可的业务范围或者以其他施工单位的名义承揽工程。禁止施工单位允许其他单位或者个人以本单位的名义承揽工程。

施工单位不得转包或者违法分包工程。

**第二十六条** 施工单位对建设工程的施工质量负责。

施工单位应当建立质量责任制，确定工程项目的项目经理、技术负责人和施工管理负责人。

建设工程实行总承包的，总承包单位应当对全部建设工程质量负责；建设工程勘察、设计、施工、设备采购的一项或者多项实行总承包的，总承包单位应当对其承包的建设工程或者采购的设备的质量负责。

**第二十七条** 总承包单位依法将建设工程分包给其他单位的，分包单位应当按照分包合同的约定对其分包工程的质量向总承包单位负责，总承包单位与分包单位对分包工程的质量承担连带责任。

**第二十八条** 施工单位必须按照工程设计图纸和施工技术标准施工，不得擅自修改工程设计，不得偷工减料。

施工单位在施工过程中发现设计文件和图纸有差错的，应当及时提出意见和建议。

**第二十九条** 施工单位必须按照工程设计要求、施工技术标准和合同约定，对建筑材料、建筑构配件、设备和商品混凝土进行检验，检验应当有书面记录和专人签字；未经检验或者检验不合格的，不得使用。

**第三十条** 施工单位必须建立、健全施工质量的检验制度，严格工序管理，作好隐蔽工程的质量检查和记录。隐蔽工程在隐蔽前，施工单位应当通知建设单位和建设工程质量监督机构。

**第三十一条** 施工人员对涉及结构安全的试块、试件以及有关材料，应当在建设单位或者工程监理单位监督下现场取样，并送具有相应资质等级的质量检测单位进行检测。

第三十二条　施工单位对施工中出现质量问题的建设工程或者竣工验收不合格的建设工程，应当负责返修。

第三十三条　施工单位应当建立、健全教育培训制度，加强对职工的教育培训；未经教育培训或者考核不合格的人员，不得上岗作业。

## 第五章　工程监理单位的质量责任和义务

第三十四条　工程监理单位应当依法取得相应等级的资质证书，并在其资质等级许可的范围内承担工程监理业务。

禁止工程监理单位超越本单位资质等级许可的范围或者以其他工程监理单位的名义承担工程监理业务。禁止工程监理单位允许其他单位或者个人以本单位的名义承担工程监理业务。

工程监理单位不得转让工程监理业务。

第三十五条　工程监理单位与被监理工程的施工承包单位以及建筑材料、建筑构配件和设备供应单位有隶属关系或者其他利害关系的，不得承担该项建设工程的监理业务。

第三十六条　工程监理单位应当依照法律、法规以及有关技术标准、设计文件和建设工程承包合同，代表建设单位对施工质量实施监理，并对施工质量承担监理责任。

第三十七条　工程监理单位应当选派具备相应资格的总监理工程师和监理工程师进驻施工现场。

未经监理工程师签字，建筑材料、建筑构配件和设备不得在工程上使用或者安装，施工单位不得进行下一道工序的施工。未经总监理工程师签字，建设单位不拨付工程款，不进行竣工验收。

第三十八条　监理工程师应当按照工程监理规范的要求，采取旁站、巡视和平行检验等形式，对建设工程实施监理。

## 第六章　建设工程质量保修

第三十九条　建设工程实行质量保修制度。

建设工程承包单位在向建设单位提交工程竣工验收报告时，应当向建设单位出具质量保修书。质量保修书中应当明确建设工程的保修范围、保修期限和保修责任等。

第四十条　在正常使用条件下，建设工程的最低保修期限为：

（一）基础设施工程、房屋建筑的地基基础工程和主体结构工程，为设计文件规定的该工程的合理使用年限；

（二）屋面防水工程、有防水要求的卫生间、房间和外墙面的防渗漏，为5年；

（三）供热与供冷系统，为2个采暖期、供冷期；

（四）电气管线、给排水管道、设备安装和装修工程，为2年。

其他项目的保修期限由发包方与承包方约定。

建设工程的保修期，自竣工验收合格之日起计算。

第四十一条　建设工程在保修范围和保修期限内发生质量问题的，施工单位应当履行保修义务，并对造成的损失承担赔偿责任。

第四十二条　建设工程在超过合理使用年限后需要继续使用的，产权所有人应当委托具有相应资质等级的勘察、设计单位鉴定，并根据鉴定结果采取加固、维修等措施，重新界定使用期。

# 第七章　监　督　管　理

第四十三条　国家实行建设工程质量监督管理制度。

国务院建设行政主管部门对全国的建设工程质量实施统一监督管理。国务院铁路、交通、水利等有关部门按照国务院规定的职责分工，负责对全国的有关专业建设工程质量的监督管理。

县级以上地方人民政府建设行政主管部门对本行政区域内的建设工程质量实施监督管理。县级以上地方人民政府交通、水利等有关部门在各自的职责范围内，负责对本行政区域内的专业建设工程质量的监督管理。

第四十四条　国务院建设行政主管部门和国务院铁路、交通、水利等有关部门应当加强对有关建设工程质量的法律、法规和强制性标准执行情况的监督检查。

第四十五条　国务院发展计划部门按照国务院规定的职责，组织稽察特派员，对国家出资的重大建设项目实施监督检查。

国务院经济贸易主管部门按照国务院规定的职责，对国家重大技术改造项目实施监督检查。

第四十六条　建设工程质量监督管理，可以由建设行政主管部门或者其他有关部门委托的建设工程质量监督机构具体实施。

从事房屋建筑工程和市政基础设施工程质量监督的机构，必须按照国家有关规定经国务院建设行政主管部门或者省、自治区、直辖市人民政府建设行政主管部门考核；从事专业建设工程质量监督的机构，必须按照国家有关规定经国务院有关部门或者省、自治区、直辖市人民政府有关部门考核。经考核合格后，方可实施质量监督。

第四十七条　县级以上地方人民政府建设行政主管部门和其他有关部门应当加强对有关建设工程质量的法律、法规和强制性标准执行情况的监督检查。

第四十八条　县级以上人民政府建设行政主管部门和其他有关部门履行监督检查职责时，有权采取下列措施：

（一）要求被检查的单位提供有关工程质量的文件和资料；

（二）进入被检查单位的施工现场进行检查；

（三）发现有影响工程质量的问题时，责令改正。

第四十九条　建设单位应当自建设工程竣工验收合格之日起15日内，将建设工程竣工验收报告和规划、公安消防、环保等部门出具的认可文件或者准许使用文件报建设行政主管部门或者其他有关部门备案。

建设行政主管部门或者其他有关部门发现建设单位在竣工验收过程中有违反国家有关建设工程质量管理规定行为的，责令停止使用，重新组织竣工验收。

第五十条　有关单位和个人对县级以上人民政府建设行政主管部门和其他有关部门进行的监督检查应当支持与配合，不得拒绝或者阻碍建设工程质量监督检查人员依法执行职务。

第五十一条　供水、供电、供气、公安消防等部门或者单位不得明示或者暗示建设单位、施工单位购买其指定的生产供应单位的建筑材料、建筑构配件和设备。

第五十二条　建设工程发生质量事故，有关单位应当在24小时内向当地建设行政主管部门和其他有关部门报告。对重大质量事故，事故发生地的建设行政主管部门和其他有关部门应当按照事故类别和等级向当地人民政府和上级建设行政主管部门和其他有关部门报告。

特别重大质量事故的调查程序按照国务院有关规定办理。

第五十三条　任何单位和个人对建设工程的质量事故、质量缺陷都有权检举、控告、投诉。

# 建设工程勘察设计管理条例（节选）

（2000年9月25日中华人民共和国国务院令第293号公布
根据2015年6月12日《国务院关于修改〈建设工程勘察设计
管理条例〉的决定》第一次修订
根据2017年10月7日《国务院关于修改部分行政法规的决定》
第二次修订）

## 第一章 总 则

**第一条** 为了加强对建设工程勘察、设计活动的管理，保证建设工程勘察、设计质量，保护人民生命和财产安全，制定本条例。

**第二条** 从事建设工程勘察、设计活动，必须遵守本条例。

本条例所称建设工程勘察，是指根据建设工程的要求，查明、分析、评价建设场地的地质地理环境特征和岩土工程条件，编制建设工程勘察文件的活动。

本条例所称建设工程设计，是指根据建设工程的要求，对建设工程所需的技术、经济、资源、环境等条件进行综合分析、论证，编制建设工程设计文件的活动。

**第三条** 建设工程勘察、设计应当与社会、经济发展水平相适应，做到经济效益、社会效益和环境效益相统一。

**第四条** 从事建设工程勘察、设计活动，应当坚持先勘察、后设计、再施工的原则。

**第五条** 县级以上人民政府建设行政主管部门和交通、水利等有关部门应当依照本条例的规定，加强对建设工程勘察、设计活动的监督管理。

建设工程勘察、设计单位必须依法进行建设工程勘察、设计，严格执行工程建设强制性标准，并对建设工程勘察、设计的质量负责。

第六条　国家鼓励在建设工程勘察、设计活动中采用先进技术、先进工艺、先进设备、新型材料和现代管理方法。

## 第二章　资质资格管理

第七条　国家对从事建设工程勘察、设计活动的单位，实行资质管理制度。具体办法由国务院建设行政主管部门商国务院有关部门制定。

第八条　建设工程勘察、设计单位应当在其资质等级许可的范围内承揽建设工程勘察、设计业务。

禁止建设工程勘察、设计单位超越其资质等级许可的范围或者以其他建设工程勘察、设计单位的名义承揽建设工程勘察、设计业务。禁止建设工程勘察、设计单位允许其他单位或者个人以本单位的名义承揽建设工程勘察、设计业务。

第九条　国家对从事建设工程勘察、设计活动的专业技术人员，实行执业资格注册管理制度。

未经注册的建设工程勘察、设计人员，不得以注册执业人员的名义从事建设工程勘察、设计活动。

第十条　建设工程勘察、设计注册执业人员和其他专业技术人员只能受聘于一个建设工程勘察、设计单位；未受聘于建设工程勘察、设计单位的，不得从事建设工程的勘察、设计活动。

第十一条　建设工程勘察、设计单位资质证书和执业人员注册证书，由国务院建设行政主管部门统一制作。

## 第三章　建设工程勘察设计发包与承包

第十二条　建设工程勘察、设计发包依法实行招标发包或者直接发包。

第十三条　建设工程勘察、设计应当依照《中华人民共和国招标投标法》的规定，实行招标发包。

第十四条　建设工程勘察、设计方案评标，应当以投标人的业绩、信誉和勘察、设计人员的能力以及勘察、设计方案的优劣为依据，进行综合评定。

第十五条　建设工程勘察、设计的招标人应当在评标委员会推荐的候选方案中确定中标方案。但是，建设工程勘察、设计的招标人认为评标委员会推荐的候选方案不能最大限度满足招标文件规定的要求的，应当依法重新招标。

第十六条　下列建设工程的勘察、设计，经有关主管部门批准，可以直接发包：

（一）采用特定的专利或者专有技术的；

（二）建筑艺术造型有特殊要求的；

（三）国务院规定的其他建设工程的勘察、设计。

第十七条　发包方不得将建设工程勘察、设计业务发包给不具有相应勘察、设计资质等级的建设工程勘察、设计单位。

第十八条　发包方可以将整个建设工程的勘察、设计发包给一个勘察、设计单位；也可以将建设工程的勘察、设计分别发包给几个勘察、设计单位。

第十九条　除建设工程主体部分的勘察、设计外，经发包方书面同意，承包方可以将建设工程其他部分的勘察、设计再分包给其他具有相应资质等级的建设工程勘察、设计单位。

第二十条　建设工程勘察、设计单位不得将所承揽的建设工程勘察、设计转包。

第二十一条　承包方必须在建设工程勘察、设计资质证书规定的资质等级和业务范围内承揽建设工程的勘察、设计业务。

第二十二条　建设工程勘察、设计的发包方与承包方，应当执行国家规定的建设工程勘察、设计程序。

第二十三条　建设工程勘察、设计的发包方与承包方应当签订建设工程勘察、设计合同。

第二十四条　建设工程勘察、设计发包方与承包方应当执行国家有关建设工程勘察费、设计费的管理规定。

## 第四章 建设工程勘察设计文件的编制与实施

**第二十五条** 编制建设工程勘察、设计文件，应当以下列规定为依据：

（一）项目批准文件；

（二）城乡规划；

（三）工程建设强制性标准；

（四）国家规定的建设工程勘察、设计深度要求。

铁路、交通、水利等专业建设工程，还应当以专业规划的要求为依据。

**第二十六条** 编制建设工程勘察文件，应当真实、准确，满足建设工程规划、选址、设计、岩土治理和施工的需要。

编制方案设计文件，应当满足编制初步设计文件和控制概算的需要。

编制初步设计文件，应当满足编制施工招标文件、主要设备材料订货和编制施工图设计文件的需要。

编制施工图设计文件，应当满足设备材料采购、非标准设备制作和施工的需要，并注明建设工程合理使用年限。

**第二十七条** 设计文件中选用的材料、构配件、设备，应当注明其规格、型号、性能等技术指标，其质量要求必须符合国家规定的标准。

除有特殊要求的建筑材料、专用设备和工艺生产线等外，设计单位不得指定生产厂、供应商。

**第二十八条** 建设单位、施工单位、监理单位不得修改建设工程勘察、设计文件；确需修改建设工程勘察、设计文件的，应当由原建设工程勘察、设计单位修改。经原建设工程勘察、设计单位书面同意，建设单位也可以委托其他具有相应资质的建设工程勘察、设计单位修改。修改单位对修改的勘察、设计文件承担相应责任。

施工单位、监理单位发现建设工程勘察、设计文件不符合工程建设强制性标准、合同约定的质量要求的，应当报告建设单位，建设单位有权要求建设工程勘察、设计单位对建设工程勘察、设计文件进行补充、修改。

建设工程勘察、设计文件内容需要作重大修改的，建设单位应当报经原审批机关批准后，方可修改。

第二十九条　建设工程勘察、设计文件中规定采用的新技术、新材料，可能影响建设工程质量和安全，又没有国家技术标准的，应当由国家认可的检测机构进行试验、论证，出具检测报告，并经国务院有关部门或者省、自治区、直辖市人民政府有关部门组织的建设工程技术专家委员会审定后，方可使用。

第三十条　建设工程勘察、设计单位应当在建设工程施工前，向施工单位和监理单位说明建设工程勘察、设计意图，解释建设工程勘察、设计文件。

建设工程勘察、设计单位应当及时解决施工中出现的勘察、设计问题。

# 第五章　监　督　管　理

第三十一条　国务院建设行政主管部门对全国的建设工程勘察、设计活动实施统一监督管理。国务院铁路、交通、水利等有关部门按照国务院规定的职责分工，负责对全国的有关专业建设工程勘察、设计活动的监督管理。

县级以上地方人民政府建设行政主管部门对本行政区域内的建设工程勘察、设计活动实施监督管理。县级以上地方人民政府交通、水利等有关部门在各自的职责范围内，负责对本行政区域内的有关专业建设工程勘察、设计活动的监督管理。

第三十二条　建设工程勘察、设计单位在建设工程勘察、设计资质证书规定的业务范围内跨部门、跨地区承揽勘察、设计业务的，有关地方人民政府及其所属部门不得设置障碍，不得违反国家规定收取任何费用。

第三十三条　施工图设计文件审查机构应当对房屋建筑工

程、市政基础设施工程施工图设计文件中涉及公共利益、公众安全、工程建设强制性标准的内容进行审查。县级以上人民政府交通运输等有关部门应当按照职责对施工图设计文件中涉及公共利益、公众安全、工程建设强制性标准的内容进行审查。

施工图设计文件未经审查批准的，不得使用。

第三十四条 任何单位和个人对建设工程勘察、设计活动中的违法行为都有权检举、控告、投诉。

## 三、规范性文件

# 国务院关于印发深化标准化工作
# 改革方案的通知

国发〔2015〕13 号

为落实《中共中央关于全面深化改革若干重大问题的决定》、《国务院机构改革和职能转变方案》和《国务院关于促进市场公平竞争维护市场正常秩序的若干意见》（国发〔2014〕20 号）关于深化标准化工作改革、加强技术标准体系建设的有关要求，制定本改革方案。

## 一、改革的必要性和紧迫性

党中央、国务院高度重视标准化工作，2001 年成立国家标准化管理委员会，强化标准化工作的统一管理。在各部门、各地方共同努力下，我国标准化事业得到快速发展。截至目前，国家标准、行业标准和地方标准总数达到 10 万项，覆盖一二三产业和社会事业各领域的标准体系基本形成。我国相继成为国际标准化组织（ISO）、国际电工委员会（IEC）常任理事国及国际电信联盟（ITU）理事国，我国专家担任 ISO 主席、IEC 副主席、ITU 秘书长等一系列重要职务，主导制定国际标准的数量逐年增加。标准化在保障产品质量安全、促进产业转型升级和经济提质增效、服务外交外贸等方面起着越来越重要的作用。但是，从我国经济社会发展日益增长的需求来看，现行标准体系和标准化管理体制已不能适应社会主义市场经济发展的需要，甚至在一定程度上影响了经济社会发展。

一是标准缺失老化滞后，难以满足经济提质增效升级的需求。现代农业和服务业标准仍然很少，社会管理和公共服务标准刚刚起步，即使在标准相对完备的工业领域，标准缺失现象也不同程度存在。特别是当前节能降耗、新型城镇化、信息化和工业化融合、电子商务、商贸物流等领域对标准的需求十分旺盛，但标准供给仍有较大缺口。我国国家标准制定周期平均为 3 年，远远落后于产业快速发展的需要。标准更新速度缓慢，"标龄"高出德、美、英、日等发达国家 1 倍以上。标准整体水平不高，难以支撑经济转型升级。我国主导制定的国际标准仅占国际标准总数的 0.5％，"中国标准"在国际上认可度不高。

二是标准交叉重复矛盾，不利于统一市场体系的建立。标准是生产经营活动的依据，是重要的市场规则，必须增强统一性和权威性。目前，现行国家标准、行业标准、地方标准中仅名称相同的就有近 2000 项，有些标准技术指标不一致甚至冲突，既造成企业执行标准困难，也造成政府部门制定标准的资源浪费和执法尺度不一。特别是强制性标准涉及健康安全环保，但是制定主体多，28 个部门和 31 个省（区、市）制定发布强制性行业标准和地方标准；数量庞大，强制性国家、行业、地方三级标准万余项，缺乏强有力的组织协调，交叉重复矛盾难以避免。

三是标准体系不够合理，不适应社会主义市场经济发展的要求。国家标准、行业标准、地方标准均由政府主导制定，且70％为一般性产品和服务标准，这些标准中许多应由市场主体遵循市场规律制定。而国际上通行的团体标准在我国没有法律地位，市场自主制定、快速反映需求的标准不能有效供给。即使是企业自己制定、内部使用的企业标准，也要到政府部门履行备案甚至审查性备案，企业能动性受到抑制，缺乏创新和竞争力。

四是标准化协调推进机制不完善，制约了标准化管理效能提升。标准反映各方共同利益，各类标准之间需要衔接配套。很多标准技术面广、产业链长，特别是一些标准涉及部门多、相关方立场不一致，协调难度大，由于缺乏权威、高效的标准化协调推进机制，越重要的标准越"难产"。有的标准实施效果不明显，相关配套政策措施不到位，尚未形成多部门协同推动标准实施的工作格局。

造成这些问题的根本原因是现行标准体系和标准化管理体制是 20 世纪 80 年代确立的，政府与市场的角色错位，市场主体活力未能充分发挥，既阻碍了标准化工作的有效开展，又影响了标准化作用的发挥，必须切实转变政府标准化管理职能，深化标准化工作改革。

**二、改革的总体要求**

标准化工作改革，要紧紧围绕使市场在资源配置中起决定性作用和更好发挥政府作用，着力解决标准体系不完善、管理体制不顺畅、与社会主义市场经济发展不适应问题，改革标准体系和标准化管理体制，改进标准制定工作机制，强化标准的实施与监督，更好发挥标准化在推进国家治理体系和治理能力现代化中的基础性、战略性作用，促进经济持续健康发展和社会全面进步。

改革的基本原则：一是坚持简政放权、放管结合。把该放的放开放到位，培育发展团体标准，放开搞活企业标准，激发市场主体活力；把该管的管住管好，强化强制性标准管理，保证公益类推荐性标准的基本供给。二是坚持国际接轨、适合国情。借鉴发达国家标准化管理的先进经验和做法，结合我国发展实际，建立完善具有中国特色的标准体系和标准化管理体制。三是坚持统一管理、分工负责。既发挥好国务院标准化主管部门的综合协调职责，又充分发挥国务院各部门在相关领域内标准制定、实施及监督的作用。四是坚持依法行政、统筹推进。加快标准化法治建设，做好标准化重大改革与标准化法律法规修改完善的有机衔接；合理统筹改革优先领域、关键环节和实施步骤，通过市场自主制定标准的增量带动现行标准的存量改革。

改革的总体目标：建立政府主导制定的标准与市场自主制定的标准协同发展、协调配套的新型标准体系，健全统一协调、运行高效、政府与市场共治的标准化管理体制，形成政府引导、市场驱动、社会参与、协同推进的标准化工作格局，有效支撑统一市场体系建设，让标准成为对质量的"硬约束"，推动中国经济迈向中高端水平。

### 三、改革措施

通过改革，把政府单一供给的现行标准体系，转变为由政府主导制定的标准和市场自主制定的标准共同构成的新型标准体系。政府主导制定的标准由6类整合精简为4类，分别是强制性国家标准和推荐性国家标准、推荐性行业标准、推荐性地方标准；市场自主制定的标准分为团体标准和企业标准。政府主导制定的标准侧重于保基本，市场自主制定的标准侧重于提高竞争力。同时建立完善与新型标准体系配套的标准化管理体制。

（一）建立高效权威的标准化统筹协调机制。建立由国务院领导同志为召集人、各有关部门负责同志组成的国务院标准化协调推进机制，统筹标准化重大改革，研究标准化重大政策，对跨部门跨领域、存在重大争议标准的制定和实施进行协调。国务院标准化协调推进机制日常工作由国务院标准化主管部门承担。

（二）整合精简强制性标准。在标准体系上，逐步将现行强制性国家标准、行业标准和地方标准整合为强制性国家标准。在标准范围上，将强制性国家标准严格限定在保障人身健康和生命财产安全、国家安全、生态环境安全和满足社会经济管理基本要求的范围之内。在标准管理上，国务院各有关部门负责强制性国家标准项目提出、组织起草、征求意见、技术审查、组织实施和监督；国务院标准化主管部门负责强制性国家标准的统一立项和编号，并按照世界贸易组织规则开展对外通报；强制性国家标准由国务院批准发布或授权批准发布。强化依据强制性国家标准开展监督检查和行政执法。免费向社会公开强制性国家标准文本。建立强制性国家标准实施情况统计分析报告制度。

法律法规对标准制定另有规定的，按现行法律法规执行。环境保护、工程建设、医药卫生强制性国家标准、强制性行业标准和强制性地方标准，按现有模式管理。安全生产、公安、税务标准暂按现有模式管理。核、航天等涉及国家安全和秘密的军工领域行业标准，由国务院国防科技工业主管部门负责管理。

（三）优化完善推荐性标准。在标准体系上，进一步优化推荐性国家标准、行业标准、地方标准体系结构，推动向政府职责范围内的公益类标准过渡，逐步缩减现有推荐性标准的数量和规模。在标准范围上，合理界定各层级、各领域推荐性标准的制定范围，推荐性国家标准重点制定基础通用、与强制性国家标准配套的标准；推荐性行业标准重点制定本行业领域的重要产品、工程技术、服务和行业管理标准；推荐性地方标准可制定满足地方自然条件、民族风俗习惯的特殊技术要求。在标准管理上，国务院标准化主管部门、国务院各有关部门和地方政府标准化主管部门分别负责统筹管理推荐性国家标准、行业标准和地方标准制修订工作。充分运用信息化手段，建立制修订全过程信息公开和共享平台，强化制修订流程中的信息共享、社会监督和自查自纠，有效避免推荐性国家标准、行业标准、地方标准在立项、制定过程中的交叉重复矛盾。简化制修订程序，提高审批效率，缩短制修订周期。推动免费向社会公开公益类推荐性标准文本。建立标准实施信息反馈和评估机制，及时开展标准复审和维护更新，有效解决标准缺失滞后老化问题。加强标准化技术委员会管理，提高广泛性、代表性，保证标准制定的科学性、公正性。

（四）培育发展团体标准。在标准制定主体上，鼓励具备相应能力的学会、协会、商会、联合会等社会组织和产业技术联盟协调相关市场主体共同制定满足市场和创新需要的标准，供市场自愿选用，增加标准的有效供给。在标准管理上，对团体标准不设行政许可，由社会组织和产业技术联盟自主制定发布，通过市场竞争优胜劣汰。国务院标准化主管部门会同国务院有关部门制定团体标准发展指导意见和标准化良好行为规范，对团体标准进行必要的规范、引导和监督。在工作推进上，选择市场化程度高、技术创新活跃、产品类标准较多的领域，先行开展团体标准试点工作。支持专利融入团体标准，推动技术进步。

（五）放开搞活企业标准。企业根据需要自主制定、实施企业标准。鼓励企业制定高于国家标准、行业标准、地方标准，具有竞争力的企业标准。建立企业产品和服务标准自我声明公开和监督制度，逐步取消政府对企业产品标准的备案管理，落实企业标准化主体责任。鼓励标准化专业机构对企业公开的标准开展比对和评价，强化社会监督。

（六）提高标准国际化水平。鼓励社会组织和产业技术联盟、企业积极参与国际标准化活动，争取承担更多国际标准组织技术机构和领导职务，增强话语权。加大国际标准跟踪、评估和转化力度，加强中国标准外文版翻译出版工作，推动与主要贸易国之间的标准互认，推进优势、特色领域标准国际化，创建中国标准品牌。结合海外工程承包、重大装备设备出口和对外援建，推广中国标准，以中国标准"走出去"带动我国产品、技术、装备、服务"走出去"。进一步放宽外资企业参与中国标准的制定。

四、组织实施

坚持整体推进与分步实施相结合，按照逐步调整、不断完善的方法，协同有序推进各项改革任务。标准化工作改革分三个阶段实施。

（一）第一阶段（2015—2016 年），积极推进改革试点工作。

——加快推进《中华人民共和国标准化法》修订工作，提出法律修正案，确保改革于法有据。修订完善相关规章制度。（2016 年 6 月底前完成）

——国务院标准化主管部门会同国务院各有关部门及地方政府标准化主管部门，对现行国家标准、行业标准、地方标准进行全面清理，集中开展滞后老化标准的复审和修订，解决标准缺失、矛盾交叉等问题。（2016 年 12 月底前完成）

——优化标准立项和审批程序，缩短标准制定周期。改进推荐性行业和地方标准备案制度，加强标准制定和实施后评估。（2016 年 12 月底前完成）

——按照强制性标准制定原则和范围，对不再适用的强制性标准予以废止，对不宜强制的转化为推荐性标准。（2015 年 12

月底前完成）

——开展标准实施效果评价，建立强制性标准实施情况统计分析报告制度。强化监督检查和行政执法，严肃查处违法违规行为。（2016 年 12 月底前完成）

——选择具备标准化能力的社会组织和产业技术联盟，在市场化程度高、技术创新活跃、产品类标准较多的领域开展团体标准试点工作，制定团体标准发展指导意见和标准化良好行为规范。（2015 年 12 月底前完成）

——开展企业产品和服务标准自我声明公开和监督制度改革试点。企业自我声明公开标准的，视同完成备案。（2015 年 12 月底前完成）

——建立国务院标准化协调推进机制，制定相关制度文件。建立标准制修订全过程信息公开和共享平台。（2015 年 12 月底前完成）

——主导和参与制定国际标准数量达到年度国际标准制定总数的 50％。（2016 年完成）

（二）第二阶段（2017—2018 年），稳妥推进向新型标准体系过渡。

——确有必要强制的现行强制性行业标准、地方标准，逐步整合上升为强制性国家标准。（2017 年完成）

——进一步明晰推荐性标准制定范围，厘清各类标准间的关系，逐步向政府职责范围内的公益类标准过渡。（2018 年完成）

——培育若干具有一定知名度和影响力的团体标准制定机构，制定一批满足市场和创新需要的团体标准。建立团体标准的评价和监督机制。（2017 年完成）

——企业产品和服务标准自我声明公开和监督制度基本完善并全面实施。（2017 年完成）

——国际国内标准水平一致性程度显著提高，主要消费品领域与国际标准一致性程度达到 95％以上。（2018 年完成）

（三）第三阶段（2019—2020 年），基本建成结构合理、衔接配套、覆盖全面、适应经济社会发展需求的新型标准体系。

——理顺并建立协同、权威的强制性国家标准管理体制。（2020年完成）

——政府主导制定的推荐性标准限定在公益类范围，形成协调配套、简化高效的推荐性标准管理体制。（2020年完成）

——市场自主制定的团体标准、企业标准发展较为成熟，更好满足市场竞争、创新发展的需求。（2020年完成）

——参与国际标准化治理能力进一步增强，承担国际标准组织技术机构和领导职务数量显著增多，与主要贸易伙伴国家标准互认数量大幅增加，我国标准国际影响力不断提升，迈入世界标准强国行列。（2020年完成）

# 国务院办公厅关于加强城市
# 地下管线建设管理的指导意见

国办发〔2014〕27号

各省、自治区、直辖市人民政府，国务院各部委、各直属机构：

城市地下管线是指城市范围内供水、排水、燃气、热力、电力、通信、广播电视、工业等管线及其附属设施，是保障城市运行的重要基础设施和"生命线"。近年来，随着城市快速发展，地下管线建设规模不足、管理水平不高等问题凸显，一些城市相继发生大雨内涝、管线泄漏爆炸、路面塌陷等事件，严重影响了人民群众生命财产安全和城市运行秩序。为切实加强城市地下管线建设管理，保障城市安全运行，提高城市综合承载能力和城镇化发展质量，经国务院同意，现提出以下意见：

**一、总体工作要求**

（一）指导思想。深入学习领会党的十八大和十八届二中、三中全会精神，认真贯彻落实党中央和国务院的各项决策部署，适应中国特色新型城镇化需要，把加强城市地下管线建设管理作为履行政府职能的重要内容，统筹地下管线规划建设、管理维护、应急防灾等全过程，综合运用各项政策措施，提高创新能力，全面加强城市地下管线建设管理。

（二）基本原则。

规划引领，统筹建设。坚持先地下、后地上，先规划、后建设，科学编制城市地下管线等规划，合理安排建设时序，提高城市基础设施建设的整体性、系统性。

强化管理，消除隐患。加强城市地下管线维修、养护和改造，提高管理水平，及时发现、消除事故隐患，切实保障地下管

281

线安全运行。

因地制宜，创新机制。按照国家统一要求，结合不同地区实际，科学确定城市地下管线的技术标准、发展模式。稳步推进地下综合管廊建设，加强科学技术和体制机制创新。

落实责任，加强领导。强化城市人民政府对地下管线建设管理的责任，明确有关部门和单位的职责，加强联动协调，形成高效有力的工作机制。

（三）目标任务。2015 年底前，完成城市地下管线普查，建立综合管理信息系统，编制完成地下管线综合规划。力争用 5 年时间，完成城市地下老旧管网改造，将管网漏失率控制在国家标准以内，显著降低管网事故率，避免重大事故发生。用 10 年左右时间，建成较为完善的城市地下管线体系，使地下管线建设管理水平能够适应经济社会发展需要，应急防灾能力大幅提升。

**二、加强规划统筹，严格规划管理**

（四）加强城市地下管线的规划统筹。开展地下空间资源调查与评估，制定城市地下空间开发利用规划，统筹地下各类设施、管线布局，原则上不允许在中心城区规划新建生产经营性危险化学品输送管线，其他地区新建的危险化学品输送管线，不得在穿越其他管线等地下设施时形成密闭空间，且距离应满足标准规范要求。各城市要依据城市总体规划组织编制地下管线综合规划，对各类专业管线进行综合，结合城市未来发展需要，统筹考虑军队管线建设需求，合理确定管线设施的空间位置、规模、走向等，包括驻军单位、中央直属企业在内的行业主管部门和管线单位都要积极配合。编制城市地下管线综合规划，应加强与地下空间、道路交通、人防建设、地铁建设等规划的衔接和协调，并作为控制性详细规划和地下管线建设规划的基本依据。

（五）严格实施城市地下管线规划管理。按照先规划、后建设的原则，依据经批准的城市地下管线综合规划和控制性详细规划，对城市地下管线实施统一的规划管理。地下管线工程开工建设前要依据城乡规划法等法律法规取得建设工程规划许可证。要严格执行地下管线工程的规划核实制度，未经核实或者经核实不符合规划要求的，不得组织竣工验收。要加强对规划实施情况的监督检查，对各类违反规划的行为及时查处，依法严肃处理。

**三、统筹工程建设，提高建设水平**

（六）统筹城市地下管线工程建设。按照先地下、后地上的原则，合理安排地下管线和道路的建设时序。各城市在制定道路年度建设计划时，应提前告知相关行业主管部门和管线单位。各行业主管部门应指导管线单位，根据城市道路年度建设计划和地下管线综合规划，制定各专业管线年度建设计划，并与城市道路年度建设计划同步实施。要统筹安排各专业管线工程建设，力争一次敷设到位，并适当预留管线位置。要建立施工掘路总量控制制度，严格控制道路挖掘，杜绝"马路拉链"现象。

（七）稳步推进城市地下综合管廊建设。在36个大中城市开展地下综合管廊试点工程，探索投融资、建设维护、定价收费、运营管理等模式，提高综合管廊建设管理水平。通过试点示范效应，带动具备条件的城市结合新区建设、旧城改造、道路新（改、扩）建，在重要地段和管线密集区建设综合管廊。城市地下综合管廊应统一规划、建设和管理，满足管线单位的使用和运行维护要求，同步配套消防、供电、照明、监控与报警、通风、排水、标识等设施。鼓励管线单位入股组成股份制公司，联合投资建设综合管廊，或在城市人民政府指导下组成地下综合管廊业主委员会，招标选择建设、运营管理单位。建成综合管廊的区域，凡已在管廊中预留管线位置的，不得再另行安排管廊以外的管线位置。要统筹考虑综合管廊建设运行费用、投资回报和管线单位的使用成本，合理确定管廊租售价格标准。有关部门要及时总结试点经验，加强对各地综合管廊建设的指导。

（八）严格规范建设行为。城市地下管线工程建设项目应履行基本建设程序，严格落实施工图设计文件审查、施工许可、工程质量安全监督与监理、竣工测量以及档案移交等制度。要落实施工安全管理制度，明确相关责任人，确保施工作业安全。对于可能损害地下管线的建设工程，管线单位要与建设单位签订保护协议，辨识危险因素，提出保护措施。对于可能涉及危险化学品管道的施工作业，建设单位施工前要召集有关单位，制定施工方案，明确安全责任，严格按照安全施工要求作业，严禁在情况不明时盲目进行地面开挖作业。对违规建设施工造成管线破坏的行为要依法追究责任。工程覆土前，建设单位应按照有关规定进行竣工测量，及时将测量成果报送城建档案管理部门，并对测量数据和测量图的真实、准确性负责。

**四、加强改造维护，消除安全隐患**

（九）加大老旧管线改造力度。改造使用年限超过 50 年、材质落后和漏损严重的供排水管网。推进雨污分流管网改造和建设，暂不具备改造条件的，要建设截流干管，适当加大截流倍数。对存在事故隐患的供热、燃气、电力、通信等地下管线进行维修、更换和升级改造。对存在塌陷、火灾、水淹等重大安全隐患的电力电缆通道进行专项治理改造，推进城市电网、通信网架空线入地改造工程。实施城市宽带通信网络和有线广播电视网络光纤入户改造，加快有线广播电视网络数字化改造。

（十）加强维修养护。各城市要督促行业主管部门和管线单位，建立地下管线巡护和隐患排查制度，严格执行安全技术规程，配备专门人员对管线进行日常巡护，定期进行检测维修，强化监控预警，发现危害管线安全的行为或隐患应及时处理。对地下管线安全风险较大的区段和场所要进行重点监控；对已建成的危险化学品输送管线，要按照相关法律法规和标准规范严格管理。开展地下管线作业时，要严格遵守相关规定，配备必要的设施设备，按照先检测后监护再进入的原则进行作业，严禁违规违章作业，确保人员安全。针对城市地下管线可能发生或造成的泄漏、燃爆、坍塌等突发事故，要根据输送介质的危险特性及管道情况，制定应急防灾综合预案和有针对性的专项应急预案、现场处置方案，并定期组织演练；要加强应急队伍建设，提高人员专业素质，配套完善安全检测及应急装备；维修养护时一旦发生意外，要对风险进行辨识和评估，杜绝盲目施救，造成次生事故；要根据事故现场情况及救援需要及时划定警戒区域，疏散周边人员，维持现场秩序，确保应急工作安全有序。切实提高事故防范、灾害防治和应急处置能力。

（十一）消除安全隐患。各城市要定期排查地下管线存在的隐患，制定工作计划，限期消除隐患。加大力度清理拆除占压地下管线的违法建（构）筑物。清查、登记废弃和"无主"管线，明确责任单位，对于存在安全隐患的废弃管线要及时处置，消灭危险源，其余废弃管线应在道路新（改、扩）建时予以拆除。加强城市窨井盖管理，落实维护和管理责任，采用防坠落、防位移、防盗窃等技术手段，避免窨井伤人等事故发生。要按照有关规定完善地下管线配套安全设施，做到与建设项目同步设计、施工、交付使用。

**五、开展普查工作，完善信息系统**

（十二）开展城市地下管线普查。城市地下管线普查实行属地负责制，由城市人民政府统一组织实施。各城市要明确责任部门，制定总体方案，建立工作机制和相关规范，组织好普查成果验收和归档移交工作。普查工作包括地下管线基础信息普查和隐患排查。基础信息普查应按照相关技术规程进行探测、补测，重点掌握地下管线的规模大小、位置关系、功能属性、产权归属、运行年限等基本情况；隐患排查应全面了解地下管线的运行状况，摸清地下管线存在的结构性隐患和危险源。驻军单位、中央直属企业要按照当地政府的统一部署，积极配合做好所属地下管线的普查工作。普查成果要按规定集中统一管理，其中军队管线普查成果按军事设施保护法有关规定和军队保密要求提供和管理，由军队有关业务主管部门另行明确配套办法。

（十三）建立和完善综合管理信息系统。各城市要在普查的基础上，建立地下管线综合管理信息系统，满足城市规划、建设、运行和应急等工作需要。包括驻军单位、中央直属企业在内的行业主管部门和管线单位要建立完善专业管线信息系统，满足日常运营维护管理需要，驻军单位按照军队有关业务主管部门统一要求组织实施。综合管理信息系统和专业管线信息系统应按照统一的数据标准，实现信息的即时交换、共建共享、动态更新。推进综合管理信息系统与数字化城市管理系统、智慧城市融合。充分利用信息资源，做好工程规划、施工建设、运营维护、应急防灾、公共服务等工作，建设工程规划和施工许可管理必须以综合管理信息系统为依据。涉及国家秘密的地下管线信息，要严格按照有关保密法律法规和标准进行管理。

### 六、完善法规标准，加大政策支持

（十四）完善法规标准。研究制订地下空间管理、地下管线综合管理等方面法规，健全地下管线规划建设、运行维护、应急防灾等方面的配套规章。开展各类地下管线标准规范的梳理和制（修）订工作，建立完善地下管线标准体系。根据城市发展实际需要，适当提高地下管线建设和抗震防灾等技术标准，重要地区要按相关标准规范的上限执行。按照国防和人防建设要求，研究促进城市地下管线军民融合发展的措施，优先为军队提供管线资源。

（十五）加大政策支持。中央继续通过现有渠道予以支持。地方政府和管线单位要落实资金，加快城市地下管网建设改造。要加快城市建设投融资体制改革，分清政府与企业边界，确需政府举债的，应通过发行政府一般债券或专项债券融资。开展城市基础设施和综合管廊建设等政府和社会资本合作机制（PPP）试点。以政府和社会资本合作方式参与城市基础设施和综合管廊建设的企业，可以探索通过发行企业债券、中期票据、项目收益债券等市场化方式融资。积极推进政府购买服务，完善特许经营制度，研究探索政府购买服务协议、特许经营权、收费权等作为银行质押品的政策，鼓励社会资本参与城市基础设施投资和运营。支持银行业金融机构在有效控制风险的基础上，加大信贷投放力度，支持城市基础设施建设。鼓励外资和民营资本发起设立以投资城市基础设施为主的产业投资基金。各级政府部门要优化地下管线建设改造相关行政许可手续办理流程，提高办理效率。

（十六）提高科技创新能力。加大城市地下管线科技研发和创新力度，鼓励在地下管线规划建设、运行维护及应急防灾等工作中，广泛应用精确测控、示踪标识、无损探测与修复、非开挖、物联网监测和隐患事故预警等先进技术。积极推广新工艺、新材料和新设备，推进新型建筑工业化，支持发展装配式建筑，推广应用管道预构件产品，提高预制装配化率。

**七、落实地方责任，加强组织领导**

（十七）落实地方责任。各地要牢固树立正确的政绩观，纠正"重地上轻地下"、"重建设轻管理"、"重使用轻维护"等错误观念，加强对城市地下管线建设管理工作的组织领导。省级人民政府要把城市地下空间和管线建设管理纳入重要议事日程，加大监督、指导和协调力度，督促各城市结合实际抓好相关工作。城市人民政府作为责任主体，要切实履行职责，统筹城市地上地下设施建设，做好地下空间和管线管理各项具体工作。住房城乡建设部要会同有关部门，加强对地下管线建设管理工作的指导和监督检查。对地下管线建设管理工作不力、造成重大事故的，要依法追究责任。

（十八）健全工作机制。各地要建立城市地下管线综合管理协调机制，明确牵头部门，组织有关部门和单位，加强联动协调，共同研究加强地下管线建设管理的政策措施，及时解决跨地区、跨部门及跨军队和地方的重大问题和突发事故。住房城乡建设部门会同有关部门负责城市地下管线综合管理，发展改革部门要将城市地下管线建设改造纳入经济社会发展规划，财政、通信、广播电视、安全监管、能源、保密等部门要各司其职、密切配合，形成分工明确、高效有力的工作机制。

（十九）积极引导社会参与。充分发挥行业组织的积极作用。各城市应设立统一的地下管线服务专线。充分运用多种媒体和宣传形式，加强城市地下管线安全和应急防灾知识的普及教育，开展"管线挖掘安全月"主题宣传活动，增强公众保护地下管线的意识。建立举报奖励制度，鼓励群众举报危害管线安全的行为。

# 住房城乡建设部关于印发深化工程建设标准化工作改革意见的通知

建标〔2016〕166号

国务院有关部门，各省、自治区住房城乡建设厅，直辖市建委及有关部门，新疆生产建设兵团建设局，国家人防办，中央军委后勤保障部军事设施建设局，有关单位：

为落实《国务院关于印发深化标准化工作改革方案的通知》（国发〔2015〕13号），进一步改革工程建设标准体制，健全标准体系，完善工作机制，现将《关于深化工程建设标准化工作改革的意见》印发给你们，请认真贯彻执行。

中华人民共和国住房和城乡建设部
2016年8月9日

我国工程建设标准（以下简称标准）经过60余年发展，国家、行业和地方标准已达7000余项，形成了覆盖经济社会各领域、工程建设各环节的标准体系，在保障工程质量安全、促进产业转型升级、强化生态环境保护、推动经济提质增效、提升国际竞争力等方面发挥了重要作用。但与技术更新变化和经济社会发展需求相比，仍存在着标准供给不足、缺失滞后，部分标准老化陈旧、水平不高等问题，需要加大标准供给侧改革，完善标准体制机制，建立新型标准体系。

## 一、总体要求

（一）指导思想。

贯彻落实党的十八大和十八届二中、三中、四中、五中全会精神,按照《国务院关于印发深化标准化工作改革方案的通知》(国发〔2015〕13号)等有关要求,借鉴国际成熟经验,立足国内实际情况,在更好发挥政府作用的同时,充分发挥市场在资源配置中的决定性作用,提高标准在推进国家治理体系和治理能力现代化中的战略性、基础性作用,促进经济社会更高质量、更有效率、更加公平、更可持续发展。

(二)基本原则。

坚持放管结合。转变政府职能,强化强制性标准,优化推荐性标准,为经济社会发展"兜底线、保基本"。培育发展团体标准,搞活企业标准,增加标准供给,引导创新发展。

坚持统筹协调。完善标准体系框架,做好各领域、各建设环节标准编制,满足各方需求。加强强制性标准、推荐性标准、团体标准,以及各层级标准间的衔接配套和协调管理。

坚持国际视野。完善标准内容和技术措施,提高标准水平。积极参与国际标准化工作,推广中国标准,服务我国企业参与国际竞争,促进我国产品、装备、技术和服务输出。

(三)总体目标。

标准体制适应经济社会发展需要,标准管理制度完善、运行高效,标准体系协调统一、支撑有力。按照政府制定强制性标准、社会团体制定自愿采用性标准的长远目标,到2020年,适应标准改革发展的管理制度基本建立,重要的强制性标准发布实施,政府推荐性标准得到有效精简,团体标准具有一定规模。到2025年,以强制性标准为核心、推荐性标准和团体标准相配套的标准体系初步建立,标准有效性、先进性、适用性进一步增强,标准国际影响力和贡献力进一步提升。

二、任务要求

(一)改革强制性标准。

加快制定全文强制性标准,逐步用全文强制性标准取代现行标准中分散的强制性条文。新制定标准原则上不再设置强制性条文。

强制性标准具有强制约束力，是保障人民生命财产安全、人身健康、工程安全、生态环境安全、公众权益和公共利益，以及促进能源资源节约利用、满足社会经济管理等方面的控制性底线要求。强制性标准项目名称统称为技术规范。

技术规范分为工程项目类和通用技术类。工程项目类规范，是以工程项目为对象，以总量规模、规划布局，以及项目功能、性能和关键技术措施为主要内容的强制性标准。通用技术类规范，是以技术专业为对象，以规划、勘察、测量、设计、施工等通用技术要求为主要内容的强制性标准。

（二）构建强制性标准体系。

强制性标准体系框架，应覆盖各类工程项目和建设环节，实行动态更新维护。体系框架由框架图、项目表和项目说明组成。框架图应细化到具体标准项目，项目表应明确标准的状态和编号，项目说明应包括适用范围、主要内容等。

国家标准体系框架中未有的项目，行业、地方根据特点和需求，可以编制补充性标准体系框架，并制定相应的行业和地方标准。国家标准体系框架中尚未编制国家标准的项目，可先行编制行业或地方标准。国家标准没有规定的内容，行业标准可制定补充条款。国家标准、行业标准或补充条款均没有规定的内容，地方标准可制定补充条款。

制定强制性标准和补充条款时，通过严格论证，可以引用推荐性标准和团体标准中的相关规定，被引用内容作为强制性标准的组成部分，具有强制效力。鼓励地方采用国家和行业更高水平的推荐性标准，在本地区强制执行。

强制性标准的内容，应符合法律和行政法规的规定但不得重复其规定。

（三）优化完善推荐性标准。

推荐性国家标准、行业标准、地方标准体系要形成有机整体，合理界定各领域、各层级推荐性标准的制定范围。要清理现行标准，缩减推荐性标准数量和规模，逐步向政府职责范围内的公益类标准过渡。

推荐性国家标准重点制定基础性、通用性和重大影响的专用标准，突出公共服务的基本要求。推荐性行业标准重点制定本行业的基础性、通用性和重要的专用标准，推动产业政策、战略规划贯彻实施。推荐性地方标准重点制定具有地域特点的标准，突出资源禀赋和民俗习惯，促进特色经济发展、生态资源保护、文化和自然遗产传承。

推荐性标准不得与强制性标准相抵触。

（四）培育发展团体标准。

改变标准由政府单一供给模式，对团体标准制定不设行政审批。鼓励具有社团法人资格和相应能力的协会、学会等社会组织，根据行业发展和市场需求，按照公开、透明、协商一致原则，主动承接政府转移的标准，制定新技术和市场缺失的标准，供市场自愿选用。

团体标准要与政府标准相配套和衔接，形成优势互补、良性互动、协同发展的工作模式。要符合法律、法规和强制性标准要求。要严格团体标准的制定程序，明确制定团体标准的相关责任。

团体标准经合同相关方协商选用后，可作为工程建设活动的技术依据。鼓励政府标准引用团体标准。

（五）全面提升标准水平。

增强能源资源节约、生态环境保护和长远发展意识，妥善处理好标准水平与固定资产投资的关系，更加注重标准先进性和前瞻性，适度提高标准对安全、质量、性能、健康、节能等强制性指标要求。

要建立倒逼机制，鼓励创新，淘汰落后。通过标准水平提升，促进城乡发展模式转变，提高人居环境质量；促进产业转型升级和产品更新换代，推动中国经济向中高端发展。

要跟踪科技创新和新成果应用，缩短标准复审周期，加快标准修订节奏。要处理好标准编制与专利技术的关系，规范专利信息披露、专利实施许可程序。要加强标准重要技术和关键性指标研究，强化标准与科研互动。

根据产业发展和市场需求，可制定高于强制性标准要求的推荐性标准，鼓励制定高于国家标准和行业标准的地方标准，以及具有创新性和竞争性的高水平团体标准。鼓励企业结合自身需要，自主制定更加细化、更加先进的企业标准。企业标准实行自我声明，不需报政府备案管理。

（六）强化标准质量管理和信息公开。

要加强标准编制管理，改进标准起草、技术审查机制，完善政策性、协调性审核制度，规范工作规则和流程，明确工作要求和责任，避免标准内容重复矛盾。对同一事项做规定的，行业标准要严于国家标准，地方标准要严于行业标准和国家标准。

充分运用信息化手段，强化标准制修订信息共享，加大标准立项、专利技术采用等标准编制工作透明度和信息公开力度，严格标准草案网上公开征求意见，强化社会监督，保证标准内容及相关技术指标的科学性和公正性。

完善已发布标准的信息公开机制，除公开出版外，要提供网上免费查询。强制性标准和推荐性国家标准，必须在政府官方网站全文公开。推荐性行业标准逐步实现网上全文公开。团体标准要及时公开相关标准信息。

（七）推进标准国际化。

积极开展中外标准对比研究，借鉴国外先进技术，跟踪国际标准发展变化，结合国情和经济技术可行性，缩小中国标准与国外先进标准技术差距。标准的内容结构、要素指标和相关术语等，要适应国际通行做法，提高与国际标准或发达国家标准的一致性。

要推动中国标准"走出去"，完善标准翻译、审核、发布和宣传推广工作机制，鼓励重要标准与制修订同步翻译。加强沟通

协调，积极推动与主要贸易国和"一带一路"沿线国家之间的标准互认、版权互换。

鼓励有关单位积极参加国际标准化活动，加强与国际有关标准化组织交流合作，参与国际标准化战略、政策和规则制定，承担国际标准和区域标准制定，推动我国优势、特色技术标准成为国际标准。

### 三、保障措施

（一）强化组织领导。

各部门、各地方要高度重视标准化工作，结合本部门、本地区改革发展实际，将标准化工作纳入本部门、本地区改革发展规划。要完善统一管理、分工负责、协同推进的标准化管理体制，充分发挥行业主管部门和技术支撑机构作用，创新标准化管理模式。要坚持整体推进与分步实施相结合，逐步调整、不断完善，确保各项改革任务落实到位。

（二）加强制度建设。

各部门、各地方要做好相关文件清理，有计划、有重点地调整标准化管理规章制度，加强政策与前瞻性研究，完善工作机制和配套措施。积极配合《标准化法》等相关法律法规修订，进一步明确标准法律地位，明确标准管理相关方的权利、义务和责任。要加大法律法规、规章、政策引用标准力度，充分发挥标准对法律法规的技术支撑和补充作用。

（三）加大资金保障。

各部门、各地方要加大对强制性和基础通用标准的资金支持力度，积极探索政府采购标准编制服务管理模式，严格资金管理，提高资金使用效率。要积极拓展标准化资金渠道，鼓励社会各界积极参与支持标准化工作，在保证标准公正性和不损害公共利益的前提下，合理采用市场化方式筹集标准编制经费。

# 四、现行供热标准目录

| 序号 | 名称 | 编号 | 属性 |
|---|---|---|---|
| 1 | 城镇供热系统评价标准 | GB/T 50627－2010 | 工程建设国家标准 |
| 2 | 供热系统节能改造技术规范 | GB/T 50893－2013 | 工程建设国家标准 |
| 3 | 燃气冷热电联供工程技术规范 | GB 51131－2016 | 工程建设国家标准 |
| 4 | 城镇供热管网工程施工及验收规范 | CJJ 28－2014 | 工程建设行业标准 |
| 5 | 城镇供热管网设计标准 | CJJ/T 34－2022 | 工程建设行业标准 |
| 6 | 供热术语标准 | CJJ/T 55－2011 | 工程建设行业标准 |
| 7 | 供热工程制图标准 | CJJ/T 78－2010 | 工程建设行业标准 |
| 8 | 城镇供热直埋热水管道技术规程 | CJJ/T 81－2013 | 工程建设行业标准 |
| 9 | 城镇供热系统运行维护技术规程 | CJJ 88－2014 | 工程建设行业标准 |
| 10 | 城镇供热直埋蒸汽管道技术规程 | CJJ/T 104－2014 | 工程建设行业标准 |
| 11 | 城镇供热管网结构设计规范 | CJJ 105－2005 | 工程建设行业标准 |
| 12 | 城镇地热供热工程技术规程 | CJJ 138－2010 | 工程建设行业标准 |
| 13 | 城镇供热系统节能技术规范 | CJJ/T 185－2012 | 工程建设行业标准 |
| 14 | 城市供热管网暗挖工程技术规程 | CJJ 200－2014 | 工程建设行业标准 |
| 15 | 城镇供热系统抢修技术规程 | CJJ 203－2013 | 工程建设行业标准 |
| 16 | 城镇供热系统标志标准 | CJJ/T 220－2014 | 工程建设行业标准 |
| 17 | 供热计量系统运行技术规程 | CJJ/T 223－2014 | 工程建设行业标准 |
| 18 | 城镇供热监测与调控系统技术规程 | CJJ/T 241－2016 | 工程建设行业标准 |
| 19 | 供热站房噪声与振动控制技术规程 | CJJ/T 247－2016 | 工程建设行业标准 |

| 序号 | 名称 | 编号 | 属性 |
|------|------|------|------|
| 20 | 城镇供热直埋热水管道泄漏监测系统技术规程 | CJJ/T 254-2016 | 工程建设行业标准 |
| 21 | 热力机械顶管技术标准 | CJJ/T 284-2018 | 工程建设行业标准 |
| 22 | 城镇供热用换热机组 | GB/T 28185-2011 | 国家标准 |
| 23 | 城镇供热管道保温结构散热损失测试与保温效果评定方法 | GB/T 28638-2012 | 国家标准 |
| 24 | 城镇供热预制直埋保温管道技术指标检测方法 | GB/T 29046-2012 | 国家标准 |
| 25 | 高密度聚乙烯外护管硬质聚氨酯泡沫塑料预制直埋保温管及管件 | GB/T 29047-2021 | 国家标准 |
| 26 | 热量表 | GB/T 32224-2020 | 国家标准 |
| 27 | 城镇供热服务 | GB/T 33833-2017 | 国家标准 |
| 28 | 城镇供热用单位和符号 | GB/T 34187-2017 | 国家标准 |
| 29 | 硬质聚氨酯喷涂聚乙烯缠绕预制直埋保温管 | GB/T 34611-2017 | 国家标准 |
| 30 | 城镇供热系统能耗计算方法 | GB/T 34617-2017 | 国家标准 |
| 31 | 城镇供热预制直埋保温阀门技术要求 | GB/T 35842-2018 | 国家标准 |
| 32 | 城镇供热管道用球型补偿器 | GB/T 37261-2018 | 国家标准 |
| 33 | 高密度聚乙烯外护管聚氨酯发泡预制直埋保温钢塑复合管 | GB/T 37263-2018 | 国家标准 |
| 34 | 城镇供热用焊接球阀 | GB/T 37827-2019 | 国家标准 |
| 35 | 城镇供热用双向金属硬密封蝶阀 | GB/T 37828-2019 | 国家标准 |
| 36 | 城镇供热 玻璃纤维增强塑料外护层聚氨酯泡沫塑料预制直埋保温管及管件 | GB/T 38097-2019 | 国家标准 |

续表

| 序号 | 名称 | 编号 | 属性 |
|---|---|---|---|
| 37 | 城镇供热 钢外护管真空复合保温预制直埋管及管件 | GB/T 38105－2019 | 国家标准 |
| 38 | 热水热力网热力站设备技术条件 | GB/T 38536－2020 | 国家标准 |
| 39 | 城镇供热直埋管道接头保温技术条件 | GB/T 38585－2020 | 国家标准 |
| 40 | 城镇供热保温管网系统散热损失现场检测方法 | GB/T 38588－2020 | 国家标准 |
| 41 | 城镇供热设施运行安全信息分类与基本要求 | GB/T 38705－2020 | 国家标准 |
| 42 | 高密度聚乙烯无缝外护管预制直埋保温管件 | GB/T 39246－2020 | 国家标准 |
| 43 | 城镇供热保温材料技术条件 | GB/T 39802－2021 | 国家标准 |
| 44 | 保温管道用电热熔套（带） | GB/T 40068－2021 | 国家标准 |
| 45 | 聚乙烯外护管预制保温复合塑料管 | GB/T 40402－2021 | 国家标准 |
| 46 | 供热用手动流量调节阀 | CJ/T 25－2018 | 行业标准 |
| 47 | 自力式流量控制阀 | CJ/T 179－2018 | 行业标准 |
| 48 | 城镇供热预制直埋蒸汽保温管及管路附件 | CJ/T 246－2018 | 行业标准 |
| 49 | 热量表检定装置 | CJ/T 357－2010 | 行业标准 |
| 50 | 城镇供热管道用波纹管补偿器 | CJ/T 402－2012 | 行业标准 |
| 51 | 城镇供热管道用焊制套筒补偿器 | CJ/T 487－2015 | 行业标准 |
| 52 | 隔绝式气体定压装置 | CJ/T 501－2016 | 行业标准 |
| 53 | 燃气锅炉烟气冷凝热能回收装置 | CJ/T 515－2018 | 行业标准 |